"十三五"职业教育国家规划教材

烹饪专业及餐饮运营服务系列教材
中等职业教育餐饮类专业核心课程教材

WESTERN CUISINE
MATERIALS AND
NUTRITION

西餐原料与营养

（第4版）

主　编　余桂恩　秦永丰

U0241694

旅游教育出版社
·北京·

烹饪专业及餐饮运营服务系列教材
中等职业教育餐饮类 / 高星级酒店管理专业
核心课程教材

《冷菜制作与艺术拼盘》（第 2 版）
"十三五"职业教育国家规划教材
配教学微视频
ISBN 978-7-5637-4340-7

《热菜制作》（第 2 版）
"十三五"职业教育国家规划教材
配教学微视频
ISBN 978-7-5637-4342-1

《西餐制作》（第 2 版）
"十三五"职业教育国家规划教材
教育部·中等职业教育改革创新示范教材
配教学微视频
ISBN 978-7-5637-4337-7

《食品雕刻》（第 2 版）
"十三五"职业教育国家规划教材
配教学微视频
ISBN 978-7-5637-4339-1

《西式面点制作》（第 2 版）
"十三五"职业教育国家规划教材
教育部·中等职业教育改革创新示范教材
国家新闻出版署"2020 年农家书屋重点出版物"
配教学微视频
ISBN 978-7-5637-4338-4

《中式面点制作》（第 2 版）
国家新闻出版署"2020 年农家书屋重点出版物"
配教学微视频
ISBN 978-7-5637-4341-4

《酒水服务》（第 2 版）
"十三五"职业教育国家规划教材
配教学微视频
ISBN 978-7-5637-4357-5

《西餐原料与营养》（第 4 版）
"十三五"职业教育国家规划教材
配题库
ISBN 978-7-5637-4358-2

目 录

出版说明

　　《西餐原料与营养》于2013年首版，自出版以来，连续加印、不断再版。2020年，《西餐原料与营养（第3版）》入选"十三五"职业教育国家规划教材。

　　为满足中等职业教育餐饮类专业人才的培养需求，贯彻落实《职业教育提质培优行动计划（2020—2023年）》和《职业院校教材管理办法》精神，我们对《西餐原料与营养（第3版）》进行了修订。此次修订，主要根据西餐岗位实操需要，选择典型工作任务新增了食品营养学基础、西饼房常用原料知识、西餐冷厨房常用原料知识、西餐厨房常用香草和香料知识、西餐厨房常用肉类原料知识模拟测试题库。

　　概括起来，第2版教材主要按以下要求修订：

　　（一）以马克思列宁主义、毛泽东思想、邓小平理论、"三个代表"重要思想、科学发展观、习近平新时代中国特色社会主义思想为指导，有机融入中华优秀传统文化、革命传统、法治意识和国家安全、民族团结以及生态文明教育，弘扬劳动光荣、技能宝贵、创造伟大的时代风尚，弘扬精益求精的专业精神、职业精神、工匠精神和劳模精神，努力构建中国特色、融通中外的概念范畴、理论范式和话语体系，防范错误政治观点和思潮的影响，引导学生树立正确的世界观、人生观和价值观，努力成为德智体美劳全面发展的社会主义建设者和接班人。

（二）内容科学先进、针对性强，公共基础课程教材要体现学科特点，突出职业教育特色。专业课程教材要充分反映产业发展最新进展，对接科技发展趋势和市场需求，及时吸收比较成熟的新技术、新工艺、新规范等。

（三）符合技术技能人才成长规律和学生认知特点，对接国际先进职业教育理念，适应人才培养模式创新和优化课程体系的需要，专业课程教材突出理论和实践相统一，强调实践性。适应项目学习、案例学习、模块化学习等不同学习方式要求，注重以真实生产项目、典型工作任务、案例等为载体组织教学单元。

（四）编排科学合理、梯度明晰，图文并茂，生动活泼，形式新颖。名称、名词、术语等符合国家有关技术质量标准和规范。

（五）符合知识产权保护等国家法律、行政法规，不得有民族、地域、性别、职业、年龄歧视等内容，不得有商业广告或变相商业广告。

《西餐原料与营养》是中等职业教育餐饮类专业核心课程教材，教材秉承做学一体能力养成的课改精神，适应模块化学习等不同学习要求，依据西饼房、西餐冷厨房、切肉房、热厨房的用工情况，有机整合食品营养学与烹饪原料知识，以15个模块串联起55个知识点。所有原料名称均以中英双语标注并配有标准发音，读者可边看插图边学认原料边听练专业词汇。教材还配有15个模块的在线练习和其他拓展学习资源。此版新增在线模拟测试题库。

通过配套教学资源的逐步完善，我们力求为学生提供多层次、全方位的立体学习环境，使学习者的学习不再受空间和时间的限制，从而推进传统教学模式向主动式、协作式、开放式的新型高效教学模式转变。

本教材既可作为中职院校学生的专业核心课教材，也可作为岗位培训教材。

旅游教育出版社

2022 年 1 月

第一篇

食品营养学基础

"民以食为天"，现代饮食除了讲究色、香、味、形之外，还特别重视其营养价值及养生作用。现代社会人们生活水平不断提高，"营养过剩"似乎成了很多人健康问题的主因，其实，"营养过剩"的说法并不很确切。由于现代人生活节奏加快，工作、事业压力大，一日三餐随意性较大，要么大鱼大肉，要么随意对付，甚至不吃早餐，却经常吃夜宵，合口味则大吃一顿，不合口味则挑食偏食。如此，"过剩"的只是脂肪和蛋白质，对于维持生命特别重要的如维生素和无机盐等则是"营养不良"。各种营养的不均衡正是所谓"亚健康"或是更严重疾病发生的根源。

　　只有学习认识人体需要哪些营养，掌握营养学基础知识，才能为将来在烹饪行业中立足和发展，为自己、家人及服务大众的饮食健康打下坚实的基础。

案例一：CCTV 全国电视烹饪擂台赛评分说明

  * 评委组成：5 位嘉宾评委（3 位国家级资深厨师及美食评委、1 位营养专家、1 位文化名人）。

  * 参赛者现场制作三道菜品，均由嘉宾评委评判，弄虚作假者将被取消品评资格。

  * 评分比例：嘉宾评委负责打分，每道菜均从色、香、味、形、意、养 6 个方面评分，菜品的累积总分为选手总得分。

  * 比赛采取单循环积分制，每场比赛累积积分。

💡 **想一想**

（1）评委组成成员的身份特点。

（2）菜品评分中的"意"和"养"分别代表什么？这说明现代餐饮业有哪些发展趋势？

案例二：亲身见证美式快餐对健康的危害

2004 年 5 月中旬，见证美式快餐对健康危害的纪录片《给我最大号》在美国上映，并获得了 2005 年奥斯卡金像奖最佳纪录片的提名。

该片记录了年轻的美国导演摩根·斯普尔洛克强迫自己在 30 天内一日三餐只吃麦当劳出售的食物和饮料。在这个过程中，有 3 位医生（心脏内科、消化内科、营养科）进行监督，并不断检查他的健康状态。此前，斯普尔洛克身高 1.9 米，体重不到 84 千克，身体非常健康。实验进行 2 周后，医生发现其肝脏受到严重损伤；3 周后，检查发现他的心脏功能发生异常，为此医生建议他每天服用阿司匹林，但为了保证实验的真实性，这个建议遭到了斯普尔洛克的拒绝。1 个月后实验完全结束时，斯普尔洛克肝脏呈现中毒反应，胸口闷痛，血压大幅度升高，胆固醇上升了 65%，体重增加了 11 千克。进行监督的医生明确指出：长

● 大汉堡

期食用西式快餐等"垃圾食品"，可能会对健康造成永久性的伤害！

 想一想

（1）西式快餐等同于西餐吗？你认为的西式快餐有哪些？

（2）你相信西式快餐有害健康的说法吗？想知道西式快餐为什么有害健康吗？

单元①
人体必需的营养素

◆ 案例引入 ▶

相扑手是怎样吃出来的?

相扑手每天早晨约 5 点起床,简单的准备活动过后开始练功,用力训练 7 个小时左右,直到 12 点才吃第一顿饭。因为早已饥肠辘辘,所以对食物吸收也非常好。相扑手们常吃的一种叫"力士火锅"的特殊饭食,是将蔬菜、牛肉、鱼肉、豆制品等放在一个大锅内炖煮而成。通常吃饱了火锅之后,有些相扑手还要吃大量的奶油蛋糕等甜点。有研究表明,他们每天的食量甚至是同样身高男子的 10 倍。午餐后,他们会睡数小时,使食物充分吸收,然后晚上再大吃一顿,直到熄灯前都不再运动。因为相扑比赛没有体重限制,身体越重越有利,因此大部分选手都在 300 斤以上。每顿饭可以说是吃到了嗓子眼,然后开始睡觉。他们练习的时候也非常激烈,健身运动是把筋、肉破坏和撕裂,然后让筋、肉长大。

然而,相扑手的寿命相当短暂。他们暴饮暴食、过度肥胖,易患上心脏病、脑血栓、肝功能衰竭等疾病,因腿部不堪重负而负伤更是家常便饭。据统计,相扑手的平均寿命只有 57 岁。

💡 想一想

(1)同学们知道自己出生时的体重吗?(回答提示:3~6 千克)你现在的体重是多少呢?(回答提示:40~60 千克)

(2)回顾一天的膳食摄入,你每天大约吃进多少重量的食物呢?(回答提示:0.5~1 千克)如果按每天平均吃 0.8 千克食物计算,人到 20 岁时共吃了约多少食物?(回答提示:约 6000 千克,即 6 吨)

(3)想一想,体重增长与吃进去的食物是什么关系?(回答提示:和相扑手

一样，增长体重是吃出来的）

（4）试比较一下，吃进去的食物远远大于增长的体重，其余的都到哪里去了？吃进去的食物还有什么别的作用吗？（回答提示：提供热量等）

无论是相扑手还是普通人，都离不开食物中的精华，营养学中把这些食物中的精华称为"营养素"。这些营养素包括糖类（俗称"碳水化合物"）、蛋白质、脂类、维生素、无机盐（又称"矿物质"）和水六大类。

这些营养素不仅构成机体组织，还发挥着调节人体健康以及提供能量等作用，这些都属于营养素的生理功能及其营养价值。掌握人体必需营养素的知识，学会合理选择和搭配营养食物，充分发挥营养素的营养作用，对于造就一个发育良好的健康体魄非常重要。

模块 1
人体最主要热能来源——糖类

喝糖水也能治病吗?

同学小李因家境贫寒,身体单薄,星期一的清晨,又因省钱不吃早点急忙赶去升旗仪式。晨会过程中,小李忽然眼冒金星、虚汗淋漓、头晕心慌、手足无力,最终瘫倒在地,被同学搀扶送到校医室医治。只见校医迅速调制了一杯糖水(用葡萄糖粉或白糖加入温开水中),让小李口服,约15分钟后症状缓解。校医没有开出任何药物处方,只是嘱咐小李同学:无论饭菜质量好坏或价格高低,务必按时按量吃饱一日三餐,若再次发生饥饿无力感,可以迅速食用含糖小零食或饮料,以避免因晕倒而发生意外。

💡 想一想

(1)你或者你身边的同学发生过此类事件吗?你们是怎么处理的?

(2)小李同学是得病了吗?得的是什么病?

(3)为什么不用打针吃药而用糖能缓解症状,并且按时吃饭就能解决问题?

俗话说:"人是铁,饭是钢,一顿不吃饿得慌。"钢比铁硬,饭比人硬,人无论多厉害都要吃饭,其意是强调:吃米饭、面食等主食可以给人体带来力气和热量。这类主食中的主要营养素就是淀粉,它属于人体必需的营养素——糖类中的一种,进一步学习和认识糖类,可以发现人体最主要热能来源的奥秘。

01
知识点 糖类又叫作碳水化合物

糖类都是由碳、氢、氧三种元素组成。由于氢和氧的比例多数为 $2:1$,和水分子相同,故又名碳水化合物。同理,糖类可以燃烧,或在体内氧化生成二氧化碳和水,并释放出热能。

02

知识点 糖类不都是甜的，甜的不一定属于糖类

糖类按其化学分子的大小可分为单糖、双糖、多糖三种。其中，单糖结构最简单，如葡萄糖、果糖，不用消化可直接吸收，还可以经静脉注射至体内；双糖有麦芽糖、蔗糖、乳糖等。以上都是甜纯糖，甜度由高到低依次为：果糖、蔗糖、葡萄糖、麦芽糖、乳糖。多糖如淀粉、植物纤维、糖原等，都属于不甜的糖。

罗汉果甜

罗汉果甜萃取于广西特产——经济植物罗汉果，属于天然非营养型甜味剂，其甜度为蔗糖的300倍，其热量为零。罗汉果甜作为食品是安全无毒的，可不限量用于各类食品中。

糖精

糖精实际是糖精钠，属于非营养型合成甜味剂，甜度约为蔗糖的450~550倍，但对人体无任何营养价值，甚至对健康有害无益。

DNA（脱氧核糖核酸）

DNA是人体细胞中重要的遗传物质，其中的核糖是其构成的主要成分。

03

知识点 糖类具有供给热量、构成机体、护肝解毒等生理功能

糖类是人体热能的主要来源，其特点是：在总能量中所占比例大，提供能量快而及时；氧化的最终产物为二氧化碳和水，对机体无害。若血中葡萄糖水平下降，出现低血糖，会对大脑产生不良影响。

淀粉主要存在于谷类、薯类粮食中，是自然界供给人类的最丰富的糖类，是最经济、最有效的供热形式。

蜂蜜由于富含果糖，口感甜蜜，而且可迅速被肝脏转化利用，护肝解毒，适于肝病及糖尿病患者服用。

纤维素和果胶都不能被人体消化吸收，不能供给热量，故有益于饱腹减肥；且能增强肠胃功能，促进消化及排便，对人体健康不可或缺。

04

知识点 代糖根据产生热量与否，可分为营养性的
甜味剂及非营养性的甜味剂两大类

爱吃甜食又怕血糖升高是许多糖尿病患者的烦恼，甜食中过多的热量也给肥胖人士身体造成负担，因此近来市面上出现了一些所谓的"代糖"食品，这些食品的包装上通常标示着"无糖"。

营养性甜味剂所产生的热量较蔗糖低，如木糖醇甜度是蔗糖的 90% 左右，产热量只有蔗糖的约 1/4，具有清凉的效果，因此也常用于糖果、口香糖或清凉含片的制造中。

非营养性的甜味剂甜度高，而且无热量或热量极低，根据来源不同又分为人造甜味剂和天然甜味剂。常见的人造非营养性甜味剂有：糖精钠、甜蜜素、安赛蜜、阿斯巴甜等，其使用量及使用范围都有一定的局限性，滥用的话对身体有害无益。

天然非营养性甜味剂如甜菊糖、罗汉果甜甙等日益受到重视，成为甜味剂中的新宠。

啤酒为什么被称为"液体面包"？

啤酒是以麦芽为主要原料酿造的含酒精量低的饮料酒，营养丰富，易为人体吸收。1972 年，第九届世界营养食品会议首次推荐啤酒为营养食品之一。

啤酒的度数并不表示乙醇的含量，而是表示啤酒生产原料麦芽汁的浓度。以 12 度的啤酒为例，表明啤酒中麦芽汁发酵前浸出物的浓度为 12%（重量比），而啤酒的酒精是由麦芽糖转化而来的，由此可知，啤酒的酒精度低于 12 度。

麦芽汁发酵后以麦芽糖、酒精、氨基酸为主，这是啤酒能提供热量的主要成分。人们在日常生活和工作中要消耗很多热量，喝啤酒是一种很好的补充方式。

1 升 12 度啤酒的热量可达 400 千卡，它分别相当于土豆 500 克、植物油 45 克、蛋白质 41 克、奶油 50 克、鸡蛋 7 个、米饭七分满的 2 碗、面包 250 克、牛肉 130 克、牛奶 200 克。喝 1 升啤酒所产生的热量可满足一个成年人每天所需热量的 15% 左右，因此，啤酒享有"液体面包"的美称。

模块 1 在线练习

模块 2
人体最需要的生命物质基础——蛋白质

"大头娃娃"事件的主因

泛滥于安徽阜阳农村市场的劣质婴儿奶粉，曾使 200 多名婴儿营养不良。这些婴儿头大、嘴小、水肿、低烧，俗称"大头娃娃"。这一事件震动了全社会。其间有记者前往阜阳，走访了部分受害者的家庭。孩子爷爷告诉记者："孩子出生时是个 7 斤 5 两的胖小子，可到了今年 3 月，4 个月大的孩子，眼看着越长越轻了。更为奇怪的是，孩子的嘴唇发紫，头显得格外肥大。"经阜阳市人民医院的医生诊断，孩子所患的是营养不良综合征。"明明每天都给小孩喂足了奶粉，怎么还会营养不良呢？"见到记者，患儿爷爷好像仍然一头雾水，这也是阜阳所有"大头娃娃"的家长们想不通的。

伪劣的婴幼儿奶粉中蛋白质严重不足，奶粉中添加了大量糊精导致婴儿营养缺乏，这就是造成"大头娃娃"事件的主因。

 想一想

（1）糊精是淀粉分解的中间产物，它应该属于哪一类营养素？

（2）"大头娃娃"的头部和脸部增大是由于肌肉、骨骼出了问题还是水分不足的缘故？

（3）本案例说明哪种营养素在生长发育中起着决定性作用？

在自然界中，凡是有生命的物质就都含有蛋白质，可以说，"没有蛋白质的地方就没有生命"。蛋白质是人体主要的"建筑材料"，人体的所有组织器官都含有蛋白质。

05

知识点 蛋白质是含氮营养素，氮成为测量食品中蛋白质含量的标志

蛋白质主要由碳、氢、氧、氮四种化学元素组成，其他营养素都不含氮。所以，氮成为测量食品中蛋白质含量的标志元素。

"三鹿奶粉"与"三聚氰胺"

2008 年 9 月，中国爆发婴幼儿奶粉受污染事件。

在检测奶粉等食品的蛋白质含量时，是通过测定食品中的氮含量，然后换算成蛋白质含量。三聚氰胺也是一种含氮有机化合物，但它根本不属于食品添加剂，多用于生产塑料、肥料制造药物胶囊。三鹿集团为保障奶源，采取了在原奶中加水的做法。但要想加水稀释后奶的含氮量不降低，就要添加三聚氰胺，以保证食品检测中蛋白质含量达标。

截至 2009 年 9 月 21 日上午 8 时，事件已导致全国上万名婴幼儿患上泌尿系统结石病住院，官方确认 4 例患儿死亡。三鹿集团因此破产，三鹿原董事长一审被判无期徒刑，四位高管被判刑。

06

知识点 氨基酸是构成蛋白质的基本单位

食物中的蛋白质被人体消化成各种氨基酸，经吸收后再合成能被自身利用的各种蛋白质，如各种酶、抗体、血红蛋白、肌蛋白等。氨基酸按营养价值分为必需氨基酸和非必需氨基酸。必需氨基酸指的是人体自身不能合成或合成速度不能满足人体需要，必须从食物中摄取的氨基酸。对成人来讲，必需氨基酸共有八种：赖氨酸、色氨酸、苯丙氨酸、蛋氨酸、苏氨酸、异亮氨酸、亮氨酸、缬氨酸。对婴儿来讲还多了一种组氨酸，即婴儿需要九种必需氨基酸。

07

知识点 **食物蛋白质根据所含氨基酸情况分为完全蛋白质、半完全蛋白质和不完全蛋白质**

优质蛋白质，是指所含必需氨基酸种类齐全，数量充足，各氨基酸之间的比例恰当，接近人体需要的蛋白质。动物性食品如鱼虾、禽肉、畜肉、蛋类及牛奶等，含必需的氨基酸多且易消化吸收，一般多属于优质蛋白质；植物性食品如豆类，蛋白质含量最多的有35~40克，可与动物蛋白质媲美，也属于优质蛋白质。

没有买卖就没有杀戮

鱼翅取自软骨鱼类如鲨鱼的鳍，含有多种蛋白如软骨蛋白、胶原蛋白等，和鱼皮、鱼唇、燕窝、海参、鱿鱼、蹄筋、银耳并称"八珍"。其干品含蛋白质高达83.5%，但由于缺少必需氨基酸之色氨酸，属于不完全蛋白质，因此营养价值跟鱼冻或皮冻相当，吃了以后对人体作用不大。由于大部分鱼翅来自野生鲨鱼，抵制吃鱼翅就是抵制对野生鲨鱼的捕杀。毕竟，没有买卖就没有杀戮！

08

知识点 **蛋白质的互补作用是多样化饮食、荤素搭配的重要依据**

在自然界中，无论是动物蛋白质还是植物蛋白质，必需氨基酸的比例没有一种完全符合人体需要，正所谓"没有最好，只有更好"。当食物混合食用时，可以大大提高膳食中蛋白质的营养价值。因此，在日常生活中，我们应注意利用蛋白质的互补作用，以提高生活质量。为充分发挥食物蛋白质的互补作用，在调配膳食时应遵循如下三个原则：

（1）食物的生物学种属越远越好（如荤素搭配、粮豆菜混食比单纯植物性或动物性食物要好）。

（2）搭配种类越多越好，即多样化饮食。营养学家建议，每人每天最好能摄入二三十种食物，才能保证营养全面。

（3）食用时间越近越好，同时食用最好。

09

知识点 **蛋白质主要完成构成及修复机体、增强免疫力、运输及调节生理机能，供能不是其主要功能**

蛋白质对于人体的重要性是多方面的。简而言之，生命体的一切生命活动和生理功能都离不开氨基酸的支持。人体内的重要生理活性物质包括酶、激素、抗体等，都是由蛋白质构成的。酶在人体代谢和生化反应中起催化剂的作用，如生活中常用的"乳酶生片"就是口服后产生胃蛋白酶，帮助消化食物中的高蛋白；激素对生理功能起调节作用；抗体是抵抗外来微生物入侵的"战士"。此外，蛋白质还具有调节水盐酸代谢、维持机体酸碱平衡和运输营养物质的作用。

血红蛋白是人体血液中负责运输氧及二氧化碳的一种含铁的蛋白质（曾经也称为血色素），是评价人体是否贫血的一个重要指标。血红蛋白的含量，正常男性为120~160克/升，女性为110~150克/升。

免疫球蛋白指具有抗体活性的动物蛋白，主要存在于血浆中，其主要作用是与抗原起免疫反应，生成抗体，增强免疫力。免疫球蛋白主要用于预防麻疹、甲肝、流行性腮腺炎等。但是，把它作为预防所有疾病、增强体质的补药来使用是没有科学根据的。

热议"吊瓶班"

2012年高考临近，湖北孝感一中惊现史上最刻苦"吊瓶班"，并配发现场图片引起网友热议。图片显示，教室内很多同学边打吊瓶边复习，场面颇为壮观。孝感一中办公室夏主任称，图片上正在打吊瓶的是高三（3）班的同学，但是学生们打的吊瓶都是补充能量的氨基酸。

脑细胞或神经系统能够直接利用的能量来源是葡萄糖，而不是氨基酸，注射的氨基酸要转化为葡萄糖才能被脑细胞利用，其间会产生更多的代谢废物，还会带来恶心等不良反应。中南医院中医科张莹雯教授也认为，氨基酸主要来源于蛋白质，输一瓶氨基酸跟吃一两个鸡蛋作用差不多，如果超量会产生副作用甚至中毒。

模块2在线练习

模块 3
供能储能的重要营养素——脂类

因纽特人膳食及健康奥秘

　　格陵兰岛位于北冰洋，岛上居住的因纽特人以捕鱼为生，他们在冰天雪地里吃的是海鱼、海豹、海象、北极熊等，也就是说，他们吃的全部是肉和动物油。膳食成分中脂肪占到 70%，蛋白质占到 30%，他们极难吃到新鲜的蔬菜和水果。

　　就营养常识来说，常吃动物脂肪而少食蔬菜水果易患心脑血管疾病。但事实恰恰相反，因纽特人不但没有心脏病，也没有高血压，甚至连风湿性关节炎、癌症等疾病都没有。这是为什么呢？这种不可思议的现象，同样出现在日本一个岛的渔民身上，这难道仅仅是巧合吗？美国的科学家们针对这种情况做了几十年的观察和探究，才解开了其中关于脂肪对于人体营养作用的奥秘。

● 因纽特人

 想一想

　　（1）因纽特人膳食中的脂肪与我们生活中摄取的脂肪分别是什么？（提示：深海鱼油与畜禽油、植物油的营养价值是有区别的）

　　（2）如果选择深海鱼油这样的"好脂肪"，是不是摄入量越多越有利于健康？

　　目前，危害人类生命和健康的最危险疾病当数心脑血管疾病。全球心脑血管疾病致死率约占总死亡率的 30%~70%，在中国，这一比例为 40% 左右。大多数人平时并无症状，体检抽血化验才能发现血脂异常，这是导致心脑血管疾病的主因。中国人血脂异常大多是由于膳食脂肪摄入过量，尤其是脂肪酸摄入不均衡造成的。接下来我们就来认识以脂肪为主的营养素——脂类。学会科学选油、用油，才能保证身体健康。

10
知识点 脂类包含脂肪和类脂

脂类是脂肪和类脂的总称。脂肪包括动物油（如猪油、牛油、黄油等）和植物油（如豆油、花生油、芝麻油、橄榄油等）；类脂主要包括磷脂（如卵磷脂、脑磷脂等）和固醇类（如胆固醇、类固醇等）。

市场上销售的多为大豆卵磷脂（蛋黄卵磷脂少有，价格昂贵）。卵磷脂作为一种功能性的健康食品，效果虽然不是立竿见影，但它全面、稳定，同时又没有药物的副作用。其主要功效为血管的"清道夫"，促进心脑血管健康；化解胆结石，保护肝脏；增强记忆力，促进大脑发育，预防老年痴呆症。它是糖尿病患者、孕产妇及美容护肤的营养保健品。

胆固醇又分为高密度胆固醇和低密度胆固醇两种：前者对心血管有保护作用，通常称之为"好胆固醇"；后者偏高，冠心病的危险性就会增加，通常称之为"坏胆固醇"。血液中胆固醇含量每单位为140~199毫克的，是比较正常的胆固醇水平。

"管住嘴"才能"护好心"

患有冠心病的人一定要"管住嘴"，减少高胆固醇食物的摄入量。

日常饮食中其实有许多不含胆固醇的食物，包括硬壳果类（如杏仁、核桃）、五谷类、水果类。此外还有蔬菜类，植物性油脂及人造奶油，面筋、豆类与豆浆、豆腐等豆制品。许多研究显示，燕麦也能降低胆固醇。如果每天在低脂饮食中添加两三杯燕麦片，其降低胆固醇的效果较明显。

为了降低胆固醇，应该减少一些高胆固醇食物的摄取量，尤其是心、肝等动物内脏；蛋类每星期以不超过三四个为原则，尤其尽量少吃蛋黄，包括各种鱼卵、蟹黄等；烹调用油应采用植物油，各种动物油脂、椰子油等应少食；应该少吃肥肉、猪皮、蹄膀、香肠以及各种有油的牛、羊、猪肉等；海鲜方面则应避免食用虾、蟹、蚌、牡蛎；尽量少吃全脂牛奶、巧克力奶、奶油及各种乳酪，多吃脱脂奶及豆浆。

此外，必须限制摄糖量，最好禁止食用纯糖类食品或饮料以及各种精致甜点。

11
知识点 脂肪所含脂肪酸种类、比例不同，营养价值也各有差异

脂肪主要由甘油和脂肪酸分子合成（甘油和脂肪酸也是脂肪在人体中消化的最终产物）。根据分子结构可将脂肪酸分为饱和脂肪酸、单不饱和脂肪酸、多不饱和脂肪酸。从营养角度看，多不饱和脂肪酸中的亚油酸是人体重要的必需脂肪酸，亚油酸的含量百分比也是判断食用油脂营养价值高低的重要指标。

教你看调和油的营养成分

某品牌第一代调和油广告中"1∶1∶1"的广告语想必大家已经耳熟能详了，其中的"1∶1∶1"是指饱和脂肪酸、单不饱和脂肪酸、多不饱和脂肪酸的比例。

随着生活水平的提高，我国绝大多数居民的动物性食物消费（以畜肉为主）日益增多，畜肉又以饱和脂肪酸为主，也就是说，单纯从日常膳食摄取来看，饱和脂肪酸过高。所以，需要食用经过精心配比脂肪酸调和而成的食用油，才能帮助人体达到膳食脂肪酸1∶1∶1的完美比例。

第二代健康调和油营养成分表

营养成分表（每100克油）					
营养成分	平均含量		营养成分	平均含量	
热量	900	千卡	碳水化合物	0	克
总脂肪	100	克	蛋白质	0	克
饱和	12	克	胆固醇	0	克
单不饱和	44	克	天然维生素E	60	毫克
多不饱和	44	克	本产品非蛋白质、糖类、膳食纤维、钙、铁的主要来源		
n-6 多不饱和	36.7	克			
n-3 多不饱和	7.3	克			

上表是中国营养学会推荐的第二代健康调和油的营养成分表，表中

12:44:44=0.27:1:1 的脂肪酸比例，比较第一代调和油而言，进一步降低了饱和脂肪酸的比重，有助于人体摄入总脂肪酸达到 1:1:1。所有第二代调和油中 0.27:1:1 的脂肪酸比例是更恰当和科学的。

12
知识点 脂肪属于高热营养素，是身体储备能量的主要方式

脂肪在人体氧化所产出的热量是等量的糖类和蛋白质的两倍还要多，但人体摄入的脂肪只是一部分用于产热，一部分则储存在体内，如皮下、内脏器官间，当人体处于"禁食"状态下，储存在体内的脂肪才是热量的主要来源。

肥鹅肝是怎样喂出来的？

一般的肉鹅在"增肥"期间每天吃 1 千克左右的食物，而要养殖出肥鹅肝的鹅则不得不吃得更多。首先是精心挑选在春天出生的鹅，用混合了麦、玉米、脂肪和盐为主的饲料进行"填鸭式"喂养，每天填塞至少两三千克的饲料，时间长达至少 4 周，直到鹅肝储备脂肪迅速增长，最大的可以达到野生鹅肝的十倍大小，一般重达 700~900 克。据专家证实，一般鹅肝中只含脂肪 2%~3%，而肥鹅肝脂肪含量高达 60% 左右。肥鹅肝以不饱和脂肪为主，易为人体所吸收利用，而且含卵磷脂比正常鹅肝高出许多，但是它毕竟属于高胆固醇食品，所以不宜多吃。

模块 3 在线练习

模块 4
维持人体生命活动的营养素——维生素

"怪病"肆虐欧洲远洋船队

1498 年,"迦马号"航行到了好望角,在一年多的艰苦航程中,虽然并不匮乏食物,但是饮食单调,缺乏新鲜蔬菜和水果,一种"怪病"开始蔓延。船员们牙龈肿痛出血,溃烂坏死,引致牙齿松动脱落。严重者皮下瘀斑,内脏出血,贫血消瘦,直至死亡。160 名船员中有 100 名不战而死。1519 年,葡萄牙航海家麦哲伦率领的远洋船队也发生了不明原因的死亡。而我国明代郑和率领的庞大远洋船队前后共 7 次下西洋,人数多达 2.8 万人,每次航行时间长达 2~3 年,由于船上养有鸡鸭,还可以种菜,特别是有中国特色的"豆芽",所以郑和的船队从来没有患过类似疾病,这一点在世界航海史上都是伟大的首创。

● 远洋船队

想一想

(1)你认为远洋船队的成功,除了航海技术、航船硬件、航海人的意志品质等因素外,还有什么因素也很重要?(提示:后勤营养保障、健康体魄、天时地利等)

(2)豆芽是否可以代替蔬菜和水果?你认为豆芽中的哪种营养素具有防止"怪病"发生的作用?

维生素按英文 Vitamin 音译,又叫维他命。现在已知的维生素已经有 20 多种,按发现的先后顺序可用字母简写为:VA、VB(B_1、B_2、B_5、B_6、B_{12})、VC、VD(D_1、D_3)、VE、VK(K_1、K_3)、VPP 这 13 种(不包括非字母表示的)。按其化学结构特点及其生理功能,可称为视黄醇、硫胺素、抗坏血酸、生育酚……根据溶解性不同，分为水溶性维生素和脂溶性维生素，如维生素 C、维生素 B 族都属于水溶性维生素，常见为片剂或泡腾片，有利于口服，溶于水后吸收。而维生素 A、维生素 D、维生素 E 都是脂溶性维生素，故多做成含油胶囊，在油脂作用下促进吸收。

13
知识点 明眸皓齿的维生素——维生素 A

维生素 A 一般存在于动物性原料，如动物肝脏尤其是鱼肝、蛋黄、奶及奶制品中。而有色蔬菜如胡萝卜、西红柿、菠菜、红薯及红黄色水果如杏、柿子等含有一种叫"胡萝卜素"的天然色素，被人体吸收后可转变为维生素 A，故又称之为维生素 A 原。缺乏者主要易患干眼症和夜盲症。

14
知识点 阳光维生素——维生素 D

维生素 D 主要存在于动物性原料如动物奶油、鱼肝油、蛋黄和肝脏中。和其他维生素不同，它是唯一可以由人体自身合成的维生素，因为在受紫外线照射后，人体内的胆固醇能转化为维生素 D。它能促进人体中钙的吸收并沉积在骨骼上。缺乏维生素 D 会导致少儿佝偻病和成年人软骨病。

鱼肝油

鱼肝油的主要来源是海鱼类或是鲸、海豹等海兽的肝脏，主要成分是维生素 A 与维生素 D，常用于防治夜盲症、角膜软化、佝偻病和骨软化症等。适宜孕产妇，或是母乳不足、混合或牛乳喂养的婴儿，以及断奶后没有及时添加蛋黄、动物肝脏等富含维生素 A、维生素 D 以及富含胡萝卜素的蔬菜、水果等辅食的幼儿。

晒太阳真的可以补钙吗？

晒太阳其实只是为了促进钙的吸收，通过晒太阳让体内产生更多的维生素 D，让维生素 D 来促进钙吸收。也就是说，晒太阳的同时一定要补足钙，没有足

● 晒太阳

够的钙源，晒再多的太阳也提升不了钙含量。

夏天由于天气炎热，阳光充足，最好不要在强光下直晒，以防晒伤皮肤，宜在树荫下晒太阳，树叶可以遮挡一部分强光；时间最好选择在上午9点以前、下午5点以后，这时的阳光会变得弱一些；如果晒太阳时间比较长，怕晒伤皮肤，可以涂抹防晒霜，防晒霜可以减弱紫外线的强度，但不能完全阻挡光线的照射。还有就是不要隔着玻璃晒太阳，因为玻璃会阻挡大部分紫外线，不能使人体有效合成维生素D。

15

知识点 青春之素——维生素 E

自由基是人体衰老的罪魁祸首。维生素E能捕获自由基并能中和自由基，所以不仅能延缓面部皮肤衰老，更是维持心血管"年轻"、促进生殖功能的营养素。在自然界，维生素E广泛分布于压榨植物油中，如葵花子、芝麻、玉米、橄榄、花生、山茶、花生、大豆等。另外，蛋黄、牛奶、水果、莴苣叶等食品中其含量也较丰富。

16

知识点 口腔溃疡的克星——维生素 B$_2$

维生素B$_2$是B族维生素的成员之一，又称核黄素。维生素B$_2$在动物内脏中含量较高，谷物中主要分布在外皮，随着加工碾磨即遭到大量损失，而蔬果中除豆类和坚果及食用菌藻类之外含量普遍较低，因此容易因摄入不足而发生皮肤、黏膜的炎症，如口腔溃疡、脂溢性皮炎等。治疗时应多食些动物肝、肾、心，经常吃豆类、坚果及发酵类食品（酵母中其含量也很丰富），最好每天喝牛奶，1

瓶牛奶可补充1天所需核黄素的1/4。

17

知识点 免疫高手——维生素C

维生素C又称"抗坏血酸"，是预防维生素C缺乏病的维生素，为机体代谢不可缺少的物质。它存在于新鲜蔬菜、水果中。缺乏维生素C的初步症状主要为牙龈肿胀出血等，建议每人每天维生素C的摄入量最低不少于60毫克。半杯（大约100毫升）新鲜橙汁便可满足需要。

蔬果中维生素含量大PK

同一品种的蔬果，室外栽培比大棚或温室中栽培的维生素C含量要高出1倍左右；菜叶中维生素C含量往往高于根茎，如芹菜叶、莴苣叶及萝卜缨等，要充分利用；种子几乎不含维生素C，但发芽后可合成大量维生素C，这是豆芽可替代蔬果补充维生素C的原理；野菜，如苜蓿、马齿苋、野苋菜等，野果，如刺梨、猕猴桃、金樱子等，所含维生素C是普通果蔬的10~50倍，甚至更高。

● 蔬果

模块4在线练习

模块 5
多功能营养素——矿物质

"矿物质水"就是"矿泉水"吗？

2011 年 8 月初，康师傅饮用矿物质水在电视广告中声称"选取优质水源"制造，然而网友调查却发现，"康师傅瓶装饮用矿物质水在杭州的生产水源实际上就是市民日常生活使用的自来水"，并直指康师傅涉嫌虚假宣传。对此，杭州市工商局明确要求康师傅纠正这一"容易造成消费者认识偏差"的广告语。康师傅有关负责人随即通过媒体向消费者道歉，并决定"即刻修改广告与相关标签内容，以消除误解"。在康师傅深陷"水源门"的同时，也牵扯出了瓶装饮用水生产行业的一个内幕：用自来水生产矿物质水或纯净水是该行业内的普遍现象。

● 矿泉水

💡 想一想

（1）矿物质水比纯净水"多一点儿"是指多点儿什么？

（2）你能说说矿物质水中的"矿物质"有哪些吗？

（3）你知道矿物质与身体健康之间的关系吗？

无机盐即无机化合物中的盐类，又称矿物质。目前人体内已经发现 20 余种，它是机体的重要成分，也是维持正常生理机能所不可缺少的。

常量元素是指在有机体内含量占体重 0.01% 以上的元素，这类元素在体内所占比例较大，有机体需要量较多，是构成有机体的必备元素。人体的常量元素有钙、镁、钾、钠、硫、氯等，约占人体总成分的 60%~80%；相反，少于 0.01% 的元素，由于存在的数量极少，故称之为微量元素。人体所含的微量元素有铁、锌、铜、锰、铬、硒、钼、钴、氟等。

18

知识点 美食调味品——钠

人体内的钠主要来自食盐（氯化钠）。人们吃盐，是为了吸收其中的钠。它具有调节体内水分、维持酸碱平衡及血压正常等功能。人体内的钠一般情况下不易缺乏，相反，高钠饮食可引起高血压。

世界卫生组织建议，一般人群平均每日摄盐量应控制在 6~8 克以下，高血压患者需减半。而且，还应注意减少膳食中的酱油、味精及咸菜的用量。

19

知识点 骨骼卫士——钙

钙是人体含量最高的无机盐元素，约占人体重量的 2%。它不仅是构成骨骼和牙齿的主要原料，还有维持神经肌肉正常的兴奋性等多种功能，甚至有科学家说："生命的一切运动都不可能缺少钙。"

我国居民现有的膳食结构中，钙摄入量普遍较低，钙缺乏症成为较常见的营养性疾病。主要表现为骨骼的病变，如婴幼儿佝偻病、成年人骨质疏松等。

补钙的关键是吸收，含钙较多的食物有小鱼、海带、牛奶、奶制品、豆制品、芝麻酱、虾皮等，这些都易被人体吸收。

为了加强和促进钙的吸收，要充分利用有利于钙吸收的元素如维生素 D、乳糖、酸性介质及蛋白质的供应。当然，不容忽视的还有，植物中大量的植酸和草酸，过量的酒精、尼古丁等均会影响钙的吸收，过多摄入脂肪也不利于钙的吸收。

小葱拌豆腐

俗话说："小葱拌豆腐——一清二白。"这个深受大众欢迎的家常菜却遭到一些营养学家的质疑。他们认为，豆腐中的钙与葱里的草酸结合形成的草酸钙是人体难以吸收的，不仅破坏了豆腐的营养价值，而且还可能在体内形成结石。

其实，这种质疑是没有科学依据的。首先，小葱中草酸的含量比较低，甚至是微不足道。其次，因草酸和钙在锅里或者消化道中结合沉淀，会减少人体的吸收，反而会降低结石的可能。只要经过适当的处理（如焯烫），完全可以有效减少蔬菜中的草酸含量，使之不危害健康。

● 小葱拌豆腐

20
知识点 贫血症克星——铁

铁主要储存在血液的血红蛋白中，参与氧的转运和交换过程。铁供给不足，会形成缺铁性贫血，这是我国主要的营养缺乏症之一。铁缺乏被认为是全球三大"隐性饥饿"（微量营养元素缺乏）之首，全球约有1/5人患缺铁性贫血。

铁是合成人体血红蛋白、肌红蛋白的原料，在人体免疫、蛋白质合成及能量代谢等过程中发挥着重要的作用。铁的摄入量与大脑及神经功能、衰老过程等有着密切关系。

缺铁性贫血除了在严重的情况下一般没有明显的症状，主要表现为面色苍白、头发枯黄、体力跟不上、迷迷糊糊睡不醒、抵抗力不强、经常生病等。缺铁性贫血严重影响儿童的体格、智力发育及其成年后从事体力和脑力劳动的能力，对育龄妇女而言，不仅危害其自身健康，更可能波及下一代健康。

铁广泛存在于动物食品如肝、肾、心、血中，最好的补铁食物还是动物性食物，如牛、羊肉这类红肉，其含铁量都在10%以上，还有动物血、鱼肉、肝脏，含铁量都很高。猪肝的含铁量为25%，猪血的含铁量为15%。但奶类特别是牛奶含铁量低，长期单纯以牛奶喂养婴儿极易发生缺铁性贫血。豆类、一些蔬菜以及蛋黄含铁较多，但吸收率较低。

"铁锅补铁"是误传

铁锅补铁这种说法是不科学的。人是无法吸收并利用金属铁的，只有离子形式的铁才能被人体利用。能被人体吸收的铁，是离子状态的"二价铁"，又叫血红素铁。铁制炊具中的铁却是原子状态的"单质铁"，使用铁锅时，铁锅氧化或与蔬菜部分起反应，会有极少部分的铁渗透到食物中形成无机铁，但无机铁同样很难被人体吸收。

● 铁锅

严重缺铁不能靠锅补，我们在选择预防缺铁性贫血的措施时，虽然可以考虑铁锅的有益作用，但是不应该把铁锅烹调当作唯一的方法。预防缺铁性贫血的根本还是调整膳食结构和选择食用铁强化食品。

21
知识点 婴儿生长素——锌

正常成人体内含锌 1.5~2.5 克，其中 60% 存在于肌肉中，30% 存在于骨骼中。身体中锌含量最多的器官是眼、毛发和睾丸。锌可以促进生长发育和性成熟，影响胎儿脑部发育。锌是智能元素，缺锌不仅让人厌食、异食，而且会导致发育迟缓、智力低下。缺锌会造成免疫功能下降，易感冒、腹泻，甚至患软骨病和龋齿。缺锌还影响儿童视力和记忆力，锌对胰腺、性腺、脑下垂体的正常发育也有重要作用。近年来研究发现，有 90 多种酶与锌有关，体内任何一种蛋白质的合成都需要含锌的酶。缺锌可使味觉减退、食欲缺乏或异食癖、免疫功能下降、伤口不易愈合。青春期男女脸上常长出粉刺，形成原因之一就是缺锌。

动物性食物是锌的主要来源，如牡蛎、鱼等海产品，豆类及谷类也含有锌。蔬菜、水果中含锌量极低，谷类的含锌量与当地土壤的含锌量有关。

22

知识点 **抗癌之王——硒**

硒是人体必需的微量元素之一，具有抗癌、保护心肌等重要功能。缺硒时，机体免疫功能会降低，体内自由基产生增多，容易发生癌症和其他疾病。现已知有40余种疾病与缺硒有关。科学研究发现，血硒水平的高低与癌的发生息息相关。大量的调查资料说明，一个地区食物和土壤中硒含量的高低与癌症的发病率有直接关系，食物和土壤中的硒含量高的，癌症的发病率和死亡率就低；反之，癌症的发病率和死亡率就高。事实说明，硒与癌症的发生有着密切关系。科学界也认识到，硒是人体微量元素中的"抗癌之王"。

食物补硒规律

人体自身不能合成硒，食物中的硒才是主要来源。根据中外科学工作者对

● 饮茶补硒

食物含硒量的测定数据，我们可以发现如下规律：蛋白质高的食品含硒量＞蛋白质低的食品含硒量，其顺序为动物脏器＞海产品＞鱼＞蛋＞肉＞蔬菜＞水果。硒主要存在于天然食物中，海鲜以及植物种子，尤其是芝麻子中含有大量的硒。动物器官中常含有丰富的硒，与谷类相似。大多数水果和蔬菜中硒含量较低，最高的是大蒜，每100克中含14微克硒。

"饮茶补硒"是最简单、最理想的办法。各类茶都含有硒元素，茶叶中的硒为有机硒，易为人体吸收。

模块5在线练习

模块 6
人体生命的源泉——水

没有食物，人类到底能活多久？

有文字记载以来，一些人故意或意外地亲自验证过这个问题。按照西医的观点，健康人最多一个星期不进食就会死亡，但历史上也有许多惊人的例外：1985年9月19日，墨西哥遭受8.1级地震灾害，两名婴儿在几千克重的混凝土下层居然忍受了10天之久而保全了性命；2004年新年在即，伊朗巴姆发生震惊世界的大地震，一名56岁的男子在被困13天后被救出时依然存活；2004年9月5日，美国魔术师大卫·布莱恩在英国泰晤士河上的一间玻璃房中开始绝食44天挑战人类极限，并最终获得成功；四川泸州市纳溪区的个体中医陈建民在四川碧峰峡绝食49天，打破了大卫的纪录，引起媒体的广泛关注……

世界医学界有一个公认的说法：在绝食又禁水的情况下，一个人只能维持生命3天；禁食但不绝水，从科学角度讲，有人只靠喝水能维持生命15天左右，也有人能维持30~40天之久。

 想一想

这些资料说明水和食物究竟哪个对于生命更重要？

对于人来说，水是仅次于氧气的重要物质。在成人体内，60%的质量是水。儿童体内水的比重更大，可达近80%。如果一个人不吃饭，仅依靠自己体内贮存的营养物质或消耗身体组织，可以活上一个月。但是，人如果不喝水，连一周时间也很难度过。体内失水10%就会威胁健康，如失水20%，就有生命危险，足见水对生命的重要意义。

23
知识点 水的主要生理功能

水是生命活动的内环境，是构成人体的重要组成成分，是人体不可缺少的物质。它的主要生理功能有：促进物质代谢，调节体温，维持脏器形态，对机体的组织起滑润作用。

水还有治疗常见病的效果，比如，清晨一杯凉白开可治疗色斑；餐后半小时喝一些水，可以减肥；热水的按摩作用是强效的安神剂，可以缓解失眠；大口大口地喝水可以缓解便秘；睡前一杯水对心脏有好处；恶心的时候可以用盐水催吐。

24
知识点 水的分类与选择

1. 纯净水（Purified Water）

纯净水一般是蒸馏水，不含任何矿物质，没有细菌、杂质。对于人体来讲，饮用纯净水并非必要。饮用纯净水是指对自来水深度处理后彻底去除了污染物，改善了感官指标，同时也基本去除了人体必需的微量元素和矿物质，是可直接饮用的水。

纯净水中含有极少量的微量元素，但是人体所需要的矿物质补充主要来源于食物，从水中吸收的只占到1%。由于人体体液是微碱性，而纯净水呈弱酸性，如果长期摄入的饮用水是微酸性的水，体内环境将遭到破坏。大量饮用纯净水是日常生活中常见的饮用水误区，纯净水会带走人体内有用的微量元素，从而降低人体的免疫力，容易产生疾病。

2. 矿泉水（Mineral Water）

矿泉水和一般饮用水不同，它含有锂、锶、锌、碘、硒等微量元素，有的还含有比较丰富的宏量元素，因而它能补充人体所需的微量元素和宏量元素，调节人体的酸碱平衡，这些特点都是一般饮用水所不具备的。

矿物质适中才是健康水，并非所有的矿泉水都能作为饮用矿泉水，也不是能饮用的矿泉水都是健康水。矿泉水的"矿"和"泉"都缺一不可，饮用水中不能没有矿物质，也不是矿物质越多越好。例如，饮用水中碘化物含量在0.02~0.05毫克/升时对人体有益，大于0.05毫克/升时则会引发碘中毒。水中含有矿物质并不能完全说明水的活力强。因此，为了提高矿泉水的质量，在不改变天然矿泉水中原矿物元素成分的同时，应该保持水的"活性"，维持水的生理功能。

3. 白开水（Boiled Water）

白开水的来源是市政自来水，因当地的水质不同而有不同的 pH 值。天然水中含有益矿物质，是符合人体生理功能的水。但自来水存在管网老化、余氯等二次污染。如果能够深度净化，不失为一种更为大众化的健康水。我们建议：在水烧开后要把壶盖打开再烧 3 分钟左右，让水中的酸性及有害物质随蒸汽蒸发掉。而且烧开的水最好当天喝，不要隔夜。

饮料是否等于饮用水

水和饮料在功能上并不能等同。汽水和可乐等碳酸饮料中大都含有柠檬酸，在代谢中会加速钙的排泄，降低血液中钙的含量，长期饮用会导致缺钙。而另一些饮料有利尿作用，清晨饮用非但不能有效补充肌体缺少的水分，还会增加肌体对水的需求，反而造成体内缺水。由于饮料中含有糖和蛋白质，又添加了不少香精和色素，饮用后不易使人产生饥饿感。因此，不但起不到给身体"补水"的作用，还会降低食欲，影响消化和吸收。

● 饮料

25
🔘知识点 水的科学摄入

人离不开水，但什么是健康、安全的饮用水却很少有人知道。水质不良可引起多种疾病。据世界卫生组织调查，人类疾病 80% 与水有关。

一个健康的人每天至少要喝 7~8 杯水（约 2.5 升），运动量大或天气炎热时，饮水量就要相应增多。喝水要定时定量地喝，如早晨起床空腹喝 1 杯，两餐之间喝，晚上睡觉前喝，夜间一两点喝，每杯水大约 200 克，冬天则可多喝稀粥。

清晨起床时是新的一天身体补充水分的关键时刻，此时喝 300 毫升的水效果最佳。清晨喝水必须空腹喝，水会迅速进入血液，使黏稠的血液得以稀释，促进血液正常循环，这样就能有效地预防心脑血管疾病的发生，有利于改善血液循环和供血，还有利于肾代谢，可以消毒和清洗肠胃，软化大便，预防便秘，促进新陈代谢有序进行。

爱运动更要会补水

剧烈运动前后不能补白水，也不能补高浓度的果汁，而应补运动饮料。

饮白水会造成血液稀释，排汗量剧增，进一步加重脱水；果汁中过高的糖浓度使果汁由胃排空的时间延长，造成运动中胃部不适；运动饮料中特殊设计的无机盐和糖的浓度会避免这些不良反应。

运动饮料含有少量糖分、钠盐、钾、镁、钙和多种水溶性维生素，以补充运动中身体所失及所需。其中，运动饮料的温度也有讲究，一般应口感清凉，温度在10℃左右。

运动补水要掌握以下原则：不能渴时才补，而是在运动前、中、后都要补水。一般运动前2小时补250~500毫升；运动后补150~250毫升；

● 运动补水

运动中每15~20分钟约补120~240毫升（也可按运动中体重的丢失量补，体重每下降1千克需补1升水）。

模块6在线练习

单元❷
合理营养与平衡膳食

◀ 案例引入 ▶

营养失衡——另一种"营养不良"

当今，我们需要对营养不良的概念进行重新定义，它不再仅仅指营养缺乏，还应该包括营养过剩。其实，所谓的过剩并不是真正的过剩，而是营养失衡。

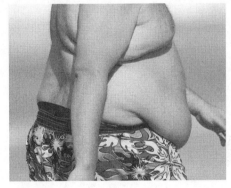

● 肥胖

尽管改革开放以来，我国的食物供应和人群营养状况得到明显改善，但是营养缺乏造成的营养不良依然存在，这在我国西部贫困农村尤其明显。同时不容忽视的是，另外一种营养不良症状——由于营养摄入过度而出现的儿童肥胖症和成年人的心血管疾病、脂肪肝、糖尿病等非传染性疾病也日益高发。尤其是国内一部分高收入阶层、城市以及农村先富裕起来的农民，成为非传染性疾病的高发人群。目前，国内心血管疾病已经成为各类疾病的头号杀手，脂肪肝、糖尿病等疾病也成为各种并发症的诱因。

💡 想一想

（1）你能说说由于贫困导致的真正的营养不良的主要症状和对身体的危害吗？

（2）用你前面学过的营养学基础知识，分析和解释为什么营养失衡、营养过剩被称为另一种"营养不良"？

人体需要的六大类营养素在身体中虽互不取代，但也是相辅相成，各自发挥着重要的生理功能，如产生热量，构成机体组织的材料，调节生命活动中的各项生理功能，使得一个和谐的人体正常地生长发育、新陈代谢、提高免疫力、预防疾病和促进健康长寿。

膳食营养是人类生存的基础，随着社会经济发展和人民生活水平的提高，人们自然倾向于选择过多的动物食品和"精细"食物。肉类、食用油摄入持续上升、谷类消费持续下降。由于膳食结构失衡，体力活动大大减少，超重和肥胖及相关慢性病如冠心病、糖尿病、高血压和脑卒中风的危险日益增强，医学专家已经证实，有较高身体体重指数的人无论男女其死亡率都会上升。

21 世纪的经济、技术竞争实质上是人才的竞争，是人的整体素质的较量，中国将怎样应对营养缺乏和营养过剩的双重危机呢？

模块 7
生命活动需要的能量——热能

我国将推食品营养标签制

2012 年 4 月 20 日起，《食品安全国家标准预包装食品营养标签通则》（GB7718-2011）（以下简称《通则》）正式实施。《通则》规定，预包装食品应在标签强制标示能量和 4 种营养成分（"1+4"）含量值及其占营养素参考值百分比。其中，"4 种营养成分"即蛋白质、脂肪、碳水化合物和钠；"营养素参考值百分比"用于比较食品营养成分含量。如标签写明蛋白质参考值为 30%，就能满足每天所需约 1/3 的蛋白质，较净值更简单实用。

我们不仅要在食品上标注能量，更重要的是普及知识，使大众知道如何合理选择食品。专家提醒大众要根据自身能量消耗来科学选择膳食，均衡营养。重要的是要"量入为出"，保持摄取和消耗的能量平衡。只要均衡膳食，配合定时运动，各种食物和饮品都可成为健康饮食的一部分。

某饼干营养成分表		
项目	每 100 克	NRV%
能量	2023 千克	24
蛋白质	9.0 克	15
脂肪	22.7 克	38
碳水化合物	60.6 克	20
钠	240 毫克	10

💡 想一想

（1）你购买食物时懂得看营养标签吗？

（2）你知道你的生命活动需要多少热量吗，它们是如何计算的呢？

肥胖是许多慢性病的基础，高血压、糖尿病、高脂血症等慢性病人多数体重超重甚至肥胖。这部分人群在购买食品时，要多关注营养标签提供的能量值及各类营养素含量，根据自己的身体状况，选择合适的食品。

26
知识点 热量的单位及换算

人体的生命活动需要能量，称为热能。正如电脑要耗电、卡车要耗油，人体的日常活动也要消耗热量。热量除了提供给人在从事运动、日常工作和生活时所需要的能量外，同样也提供人体生命活动所需要的能量，如血液循环、呼吸、消化吸收等。

我们身体所需的热量都来自食物，吃东西时，人体新陈代谢的化学作用把食物分解，转化成能量。日常种种活动，从呼吸到跑马拉松，都靠燃烧热量来推动。

大多数时候，人们用来计算食物当中能量的单位是千卡（又称"大卡"，1 千卡 =1000 卡），因为它比较方便。

而国际标准的能量单位是焦耳，按国际单位换算：1 卡 =4.182 焦耳，则1 千卡 =4.182 千焦耳。据中国营养学会的推荐标准，成年男子每日供给量为10 000~16 750 焦耳，成年女子为 9 210~14 235 焦耳。

从事轻微体力劳动的成年男子，如办公室职员等，可参照中等能量（2400千卡）膳食来安排自己的进食量；从事中等强度的体力劳动者，如钳工、卡车司机和一般农田劳动者，可参照高能量（2800 千卡）膳食来安排进食量；不参加劳动的老年人，可参照低能量（1800 千卡）膳食来安排进食量。

女性一般比男性的食量小，因为女性体重较轻及身体构成与男性不同。女性需要的能量往往比从事同等劳动的男性低 200 千卡或更多些。一般来说，人们的进食量可自动调节，当一个人的食欲得到满足时，他对能量的需要也就会得到满足。

卡路里

卡路里：简称"卡"，缩写为"cal"，由英文 calorie 音译而来，其定义为将1 克水在 1 大气压下提升 1℃所需要的热量。卡路里是一个能量单位。我们往往将卡路里与食品联系在一起，但实际上它们适用于含有能量的任何东西。卡路里现在仍被广泛使用在营养计量和健身手册上。

27

知识点 热量与运动、减肥健身之间的关系

运动和热量之间怎么换算呢？举例来说，一个 2 两的馒头可以提供 925 千焦耳的热量，以 60 千克体重的人的消耗量为例，一个 2 两馒头需要其快步走 1 个小时才能消耗掉；一瓶 500 毫升的可口可乐可以提供 904 千焦的热量，也是将近 1 个小时的快步走才能消耗掉。以一罐 330 毫升可乐为例，约含能量为 594 千焦（142 千卡），占普通人每天所需能量的 7%（营养素参考值 NRV%）。这些能量相当于步行 34 分钟所消耗的量。

4 升汽油含有约 3.1 千万卡路里的能量。利用 217 个"巨无霸"大号汉堡中的卡路里，您能够驾车行驶 35 千米。

控制能量摄入并适当锻炼是一种相当有效的减肥方法，也被大多数医生看作是最健康的减肥途径。其机理相当简单，当每日摄入的能量不足以提供身体的能量消耗，人体就会调用其内部存储的糖类和脂肪，当脂肪被分解并为身体提供能量时，减肥过程就开始了。但是仍要注意，过度节食会对肠胃及消化系统造成危害。一些医生指出，对能量摄入的控制应该循序渐进，以保证人体能够慢慢适应，同时每天摄入的能量一般以不少于 800 大卡为宜，否则人体会通过降低身体机能来弥补能量摄入不足的情况，通常会造成头晕、乏力的状况，而且基础代谢消耗的减小同时会影响到减肥的效率。

肥胖类型	体重指数	说明
健康	18.5~22.9 千克 / 平方米	根据亚太地区人群特点，体重指数是用体重千克数除以身高米数的平方得出的数字
超重	23~24.9 千克 / 平方米	
1 度肥胖	25~29.9 千克 / 平方米	
2 度肥胖	30~34.9 千克 / 平方米	
3 度肥胖	> 35 千克 / 平方米	

身高体重指数

身高体重指数又称肥胖指数，英文为 Body Mass Index，简称 BMI，是一个计算值。随着科技的进步，BMI 的角色也慢慢改变，从医学上的用途，变为一般大众的纤体指标。

减肥误区：每天只要运动就肯定能减肥

张小姐：年龄 23 岁，体重 65 千克，身高 160 厘米。

自述：我是一名办公室文职人员，因常伏案工作，故身体偏胖，为此感到十分苦恼。姐妹们鼓励我在空余时间多做运动，可借此消耗体内多余脂肪和热量。我采纳了她们的意见，可效果却不理想。应该说运动强度还是很大的，累得我经常感觉腹中饥饿，吃几块糕点后，我又继续运动，可一段时间以后，我发觉体重不但没有减轻，反而有上升的迹象，这到底是怎么了？

● 运动减肥

专家点评：这样减肥并不科学。实践证明，只有运动持续时间超过大约 40 分钟，人体内的脂肪才能被动员起来与糖原一起供能。随着运动时间的延长，脂肪供能的量可达总消耗量的 85%。可见，短于 40 分钟的运动无论强度大小，脂肪消耗均不明显。急于求成的减肥方法都是不可取的。正确的方法是：在专家的指导下，制订一个合乎自身情况的、循序渐进的锻炼计划，每周锻炼 5~6 次，每次 45~60 分钟，加上合理的膳食，每月可减掉 1~2 千克体重，坚持下去，才会轻松地达到减肥的目的。

模块 7 在线练习

模块 8
合理营养与"中国居民平衡膳食宝塔"

城市孩子爱吃肉不爱吃蔬菜

孩子吃得多、吃得好，是否就能吃出健康呢？某营养机构公布的一项中国城市儿童成长健康状况调查显示：被调查的 4216 名小学生中，有 39.13% 体重过低，5.67% 超重，13.17% 肥胖。此外还发现，城市孩子喜欢吃肉、零食、快餐，却不喜欢吃蔬菜，更不喜欢锻炼。

因为挑食和过食，使得孩子出现了两种极端：营养不良和过度肥胖。在此次调查当中，64.11% 的小学生都有挑食习惯。其中，孩子最爱吃的主食是肉类。超过六成的孩子每天进食肉类超过 100 克。而按照《中国居民平衡膳食宝塔》营养摄取标准，少年儿童肉类摄入量应是成人量的 1/2，约为 50.75 克。同样的标准应用于蔬菜的摄取上却是少得可怜。按照标准，儿童每天应食用的蔬果量为 300~450 克。而调查显示，54.3% 的孩子每天食用蔬果只有 100~300 克。

💡 想一想

（1）对比一下你的膳食中每天的肉类及蔬菜类的摄入量大约为多少？你认为合理吗？

（2）你听说过或是见过《中国居民平衡膳食宝塔》吗？试着说说（猜猜看）它的形式和内容。

"中国居民平衡膳食宝塔"是根据"中国居民膳食指南"，结合中国居民的膳食习惯，把平衡膳食的原则转化成各类食物的重量，便于大家在日常生活中遵照执行。

28
 "中国居民平衡膳食宝塔"内容说明

（一）平衡膳食宝塔的分层及比例说明

平衡膳食宝塔共分五层，包含我们每天应吃的主要食物种类。宝塔各层位置和面积不同，这在一定程度上反映出各类食物在膳食中的地位和应占的比重。

谷类食物位居底层，每人每天应该吃 300~500 克；蔬菜和水果占据第二层，每天应吃 400~500 克和 100~200 克；鱼、禽、肉、蛋等动物性食物位于第三层，每天应该吃 125~200 克（鱼虾类 50 克，畜、禽肉 50~100 克，蛋类 25~50 克）；奶类和豆类食物合占第四层，每天应吃奶类及奶制品 100 克和豆类及豆制品 50 克；第五层塔尖是油脂类，每天不超过 25 克。

新的膳食宝塔图增加了水和身体活动的形象，强调足量饮水和增加身体活动的重要性。水是膳食的重要组成部分，是一切维持生命活动必需的物质，其需要量主要受年龄、环境温度、身体活动等因素的影响。在温和气候条件下生活的轻体力劳动的成年人每日至少饮水 1200 毫升（约 6 杯）。在高温或重体力劳动的条件下，应适当增加饮水量。饮水不足或过多都会对人体健康带来危害。饮水应少量多次，要主动，不要在感到口渴时才喝水。

目前，我国大多数成年人身体活动不足或缺乏体育强炼，应改变久坐少动的不良生活方式，养成天天运动的习惯，坚持每天多做一些消耗体力的活动。建议成年人每天进行累计相当于步行 6000 步以上的身体活动，如果身体条件允许，最好进行 30 分钟中等强度的运动。

（二）宝塔中各类食物的摄入量说明

各类食物的摄入量一般是指食物的生重。各类食物的组成是根据全国营养调查中居民膳食的实际情况计算的，所以每一类食物的重量不是指某一种具体食物的重量。

1. 谷类

谷类是面粉、大米、玉米粉、小麦、高粱等的总和。它们是膳食中能量的主要来源，在农村中也往往是膳食中蛋白质的主要来源。多种谷类掺着吃比单吃一种好，特别是以玉米或高粱为主要食物时，应当更重视搭配一些其他的谷类或豆类食物。加工的谷类食品，如面包、烙饼、切面等应折合成相当的面粉量来计算。

2. 蔬果类

蔬菜和水果经常放在一起，因为它们有许多共性。但蔬菜和水果终究是两类食物，各有优势，不能完全相互替代。尤其是儿童，不可只吃水果不吃蔬菜。蔬菜、水果的重量按市售鲜重计算。一般来说，红、绿、深黄色的蔬菜和深黄色的水果含营养素比较丰富，所以应多选用深色蔬菜和水果。

3. 鱼肉蛋类

鱼肉蛋类主要提供动物性蛋白质和一些重要的矿物质和维生素。但它们彼此间也有明显区别。鱼、虾及其他水产品含脂肪很低，有条件可以多吃一些。这类食物的重量按购买时的鲜重计算。肉类包含畜肉、禽肉及内脏，重量是按屠宰清洗后的重量来计算。这类食物尤其是猪肉含脂肪较高，所以生活富裕时也不应该吃过多肉类。蛋类含胆固醇相当高，每天食用以不超过一个为好。

4. 奶类和豆类

奶类及奶制品当前主要包含鲜牛奶和奶粉。膳食宝塔建议的 100 克摄入量，按蛋白质和钙的含量来折合，约相当于鲜奶 200 克或奶粉 28 克。中国居民膳食中普遍缺钙，奶类应是首选补钙食物，很难用其他类食物代替。有些人饮奶后有不同程度的胃肠不适，可以试用酸奶或其他奶制品。

豆类及豆制品包括许多品种，膳食宝塔建议的 50 克摄入量是个平均值，根据其提供的蛋白质可折合为大豆 40 克或豆腐干 80 克等。

29
 "中国居民平衡膳食宝塔"应用指导

（一）因人而异，按需调整

膳食宝塔建议的每人每日各类食物适宜摄入量范围适用于一般健康成人，应用时要根据年龄、性别、身高、体重、劳动强度、季节等情况适当调整。年轻人、劳动强度大的人需要的能量高，应适当多吃些主食；年老、活动少的人需要的能量少，可少吃些主食。

平衡膳食宝塔建议的各类食物摄入量是一个平均值和比例。每日膳食中应当包含宝塔中的各类食物，各类食物的比例也应基本与膳食宝塔一致。日常生活无须每天都样样照着"宝塔"推荐量吃。例如，烧鱼比较麻烦，就不一定每天都吃50克鱼，可以改成每周吃2~3次鱼、每次150~200克较为切实可行。实际上，平日喜吃鱼的多吃些鱼、愿吃鸡的多吃些鸡都无妨，重要的是一定要遵循膳食宝塔各层各类食物的大体比例平衡膳食。

（二）同类互换，多彩美味搭出来

人们吃多种多样的食物不仅是为了获得均衡的营养，也是为了使饮食更加丰富多彩，以满足人们的口味享受。假如人们每天都吃同样的50克肉、40克豆，难免久食生厌，那么合理营养也就无从谈起了。膳食宝塔包含的每一类食物中都有许多品种，虽然每种食物都与另一种不完全相同，但同一类中各种食物所含营养成分大体上近似，可以互相替换。

应用平衡膳食宝塔应当把营养与美味结合起来，按照同类互换、多种多样的原则调配一日三餐。同类互换就是以粮换粮、以豆换豆、以肉换肉。例如，大米可与面粉或杂粮互换；馒头可以和相应量的面条、烙饼、面包等互换；大豆可与相当量的豆制品或杂豆类互换；瘦猪肉可与等量的鸡、鸭、牛、羊、兔肉互换；鱼可与虾、蟹等水产品互换；牛奶可与羊奶、酸奶、奶粉或奶酪等互换。

多种多样就是选用品种、形态、颜色、口感多样的食物，变换烹调方法。例如，每日吃50克豆类及豆制品，掌握了同类互换多种多样的原则就可以变换出数十种吃法，可以全量互换，即全换成相当量的豆浆或熏干，今天喝豆浆、明天吃熏干；也可以分量互换，如1/3换豆浆、1/3换腐竹、1/3换豆腐。早餐喝豆浆、中餐吃凉拌腐竹、晚餐喝碗酸辣豆腐汤。

（三）要因地制宜，充分利用当地资源

我国幅员辽阔，各地的饮食习惯及物产不尽相同，只有因地制宜，充分利用当地资源，才能有效地应用平衡膳食宝塔。例如，牧区奶类资源丰富，可适当提高奶类摄取量；渔区可适当提高鱼及其他水产品摄取量；农村山区则可利用山羊奶以及花生、瓜子、核桃、榛子等资源。在某些情况下，由于地域、经济或物产所限而无法采用同类互换时，也可以暂用豆类代替乳类、肉类，或用蛋类代替鱼、肉，不得已时也可用花生、瓜子、榛子、核桃等干坚果代替肉、鱼、奶等动物性食物。

（四）要养成习惯，长期坚持

膳食对健康的影响是长期作用的结果。应用平衡膳食宝塔需要自幼养成习惯，并坚持不懈，才能充分体现其对健康的重大促进作用。

"药补"不如"食补"

药补乃中医治疗虚证的方法之一，它主要运用补益药物来调养机体的阴阳平衡，扶正祛邪，促使康复。

近年来，随着生活水平不断提高，人们开始热衷于"食疗"与"食补"。食补就是通过调整平常饮食种类和方式等，利用食物营养功效，结合身体情况，来达到增强抵抗力、维护健康、延年益寿的目的。

● 食补

食补既方便又实惠，一般没有不良反应，而且可起到药物起不到的作用。如年老肾虚可多吃些补肾的食物，如猪脑、栗子、猪肾、甲鱼等；防止神经衰弱，推迟大脑老化，可多吃些补脑养神的食物，如核桃仁、百合、大枣等；若有高血压、冠心病等，应多吃些芹菜、菠菜、黑木耳、山楂、海带等；防止视力退化应多吃蔬菜、胡萝卜、猪肝、甜瓜等。

模块8 在线练习

模块 9
平衡膳食与"现代病"的预防

直击"现代病"之"三高症"

高血压、高血糖、高血脂是威胁老百姓健康、影响寿命、花钱最多的慢性疾病。更可怕的是，三高症引发的心脑血管疾病，其高患病率、高死亡率及高致残率居诸病之首。数据显示：由三高症导致的脑中风、心肌梗死患者近千万，其中75%的人有不同程度的劳动力丧失，40%的人重度残废。在我国城市人口中，40%以上的死因是心脑血管疾病。因此，三高症被称为人类健康与生命的头号杀手。

三高人群之所以健康会亮起红灯，和大多数人爱吃油炸、甜食，荤多素少，细多粗少，高热量、高盐等饮食习惯密切相关。肥胖是三高症的高危因素，减肥能减少患上述疾病的危险，促进血压、血液黏稠度下降，并提高周围组织对胰岛素的敏感性，改善胰岛素抵抗的状态。减轻体重，除了运动、改变不良的生活习惯外，均衡饮食也显得至关重要，尤其是要限制糖、盐及脂肪的摄入。

 想一想

（1）你的家人或朋友中有"三高"病人吗？能说说你了解他们的饮食习惯和特点吗？

（2）除了三高疾病之外，你还能说出哪些与不健康饮食有关的"现代病"？

100年前，死于心脏病的人数占总人口的4%，现在，这一比例却超过了40%。而今，由于营养过剩引发的疾病人数，远多于营养不良、饥饿等原因导致的疾病人数。

现在，每10个死亡病例中，就有7个直接与饮食不健康而引发的慢性病（又称"现代病"）有关。很多研究表明，当你吃下一碗碗猪肉，做饭时放入过量的糖和盐，它们会令身体内堆积过多有毒的废物，例如自由基，还有糖化终末产物等。脂肪多了，摄取天然的植物营养素又不够，患慢性病的概率自然会大大增加，从而引起肥胖症、糖尿病甚至癌症。这些疾病在吞噬生命的同时，也严重影响着我们的生活质量。

30
知识点 平衡膳食基本理论

平衡膳食是指选择多种食物，经过适当搭配做出食品。这种膳食能满足人们对能量及各种营养素的需求，因而叫平衡膳食。

为预防疾病，必须保证适当饮食，尽可能多地摄入富含天然营养物质的食物，给身体最佳保护。含微量营养素最丰富的非绿色蔬菜莫属，它是预防心脏病、癌症等慢性疾病最好的食物，绿色蔬菜每克中所含的微量营养素是最高的。除此之外，日常饮食中多吃菌类、洋葱和绿色蔬菜，还可补充大量的植物营养素，那些易导致前列腺癌、乳腺癌、大肠癌的基因缺陷就会被压制。

人的身体对疾病有着自行的免疫机制。因此，只要能够在日常饮食和生活中做到营养科学，平均寿命就可以增加 15~25 年。

糖尿病的饮食治疗指导

糖尿病主要是由于人的胰岛功能受损，导致胰岛素分泌绝对或相对不足，而引起的糖、蛋白质、脂肪的代谢紊乱。其主要症状是三多一少，即多尿、多饮、多食和消瘦，持续高血糖与长期代谢紊乱等可导致全身组织器官，特别是眼、肾、心血管及神经系统损害及其功能障碍和衰竭。

饮食治疗是各种类型糖尿病基础治疗的首要措施。饮食治疗的原则是：控制总热量和体重。减少食物中脂肪尤其是饱和脂肪酸含量，增加食物纤维含量，使食物中碳水化合物、脂肪和蛋白质所占比例合理。控制膳食总能量的摄入，合理均衡分配各种营养物质。维持合理体重，超重 / 肥胖患者减少体重的目标是在 3~6 个月期间体重减轻 5%~10%。消瘦患者应通过均衡的营养计划恢复并长期维持理想体重。

31
知识点 实现平衡膳食的条件及措施

1. 饮食结构多样化，营养素充足且比例适当

一日膳食中食物构成要多样化，各种营养素应品种齐全，包括供能食物，即蛋白质、脂肪及碳水化合物；非供能食物，即维生素、矿物质、微量元素及纤维素。只有粗细混食，荤素混食，合理搭配，才能供给膳食者必需的热能和各种营养素。

食物可分为两类：一类是动物性食物，包括肉、鱼、禽、蛋、奶及奶制品；另一类是植物性食物，包括谷类、薯类、蔬菜、水果、豆类及其制品、食糖类和菌藻类。不同种类食物的营养素不同：动物性食物、豆类含优质蛋白质；蔬菜、水果含维生素、矿物盐及微量元素；谷类、薯类和糖类含碳水化合物；食用油含脂肪；肝、奶、蛋含维生素 A；肝、瘦肉和动物血含铁。

各种营养素数量要充足，不能过多，也不能过少。营养素之间能相互配合、相互制约。如维生素 C 能促进铁的吸收；脂肪能促进脂溶性维生素 A、维生素 D、维生素 E、维生素 K 的吸收；微量元素铜能促进铁在体内的运输和储存；碳水化合物和脂肪能保护蛋白质，减少其消耗；而磷酸、草酸和植酸能影响钙、铁吸收。所以，只有吃膳食结构合理的混合食物，才能满足人体健康对食物营养的需求。

另外，营养素之间的比例应适当。如蛋白质、脂肪、碳水化合物供热比例为 1:2.5:4；优质蛋白质应占蛋白质总量的 1/2~2/3，动物性蛋白质占 1/3；三餐供热比例为早餐占 30% 左右，中餐占 40 % 左右，晚餐占 25% 左右，午后点心占 5%~10%。

2. 科学地加工烹调

食物经科学加工与烹调后可尽量减少营养素的损失，提高消化吸收率。

油炸、烧烤、焙烤等高温加工方法能让食物产生特殊的香气和口感，如炸鸡腿和炸薯条的香酥感，油炸土豆片和脆饼干的松脆感，烤羊肉串和熏肉的独特香味等。然而，这些高温烹调方式实际上给饮食带来了极大的安全隐患，除了会造成维生素的损失外，碳水化合物、脂肪和蛋白质在高温下都会产生有毒有害物质，如环芳烃类致癌物、丙烯酰胺类物质、杂环胺等。而多选择 100℃~120℃ 蒸、煮、炖、烧，控制油温不要过高，用高压锅蒸煮等就不会产生这些有害物

质。可以说，低温烹调食物较安全。

科学烹饪可降低肉食中的胆固醇

胆固醇水平普遍升高是造成国人冠心病发病率和死亡率迅速提升的主要原因。人们要重视高胆固醇的防治。

● 科学烹饪

适当摄入肉类对老年人的健康十分重要。研究发现，用文火炖煮较长时间可使饱和脂肪酸减少30%~50%，胆固醇含量明显下降；选择适当的蔬菜与肥肉搭配可以降低肉食中的胆固醇，比如海带煮肉、黄豆扒肘子、辣椒炒肉。黄豆中的植物固醇及磷脂可降解胆固醇，辣椒中的辣椒素和海带中的多种成分可以减肥。经这种搭配的食物不但味道鲜美，还使肥肉或五花肉肥而不腻；加大蒜烹调也可使肉肥而不腻，还可使食肉者胆固醇下降10%~15%；炒、炖肉时加生姜烹调，不但可去除菜腥味，还可大大降低胆固醇含量。

3. 良好的用膳习惯是实现平衡膳食的保障

我们应养成良好的饮食习惯，一日三餐定时定量，且热能分配比例适宜。我国多数地区居民习惯于一天吃三餐，三餐食物量的分配及间隔时间应与作息时间和劳动状况相匹配。一般早、晚餐各占30%，午餐占40%为宜，特殊情况可适当调整。通常上午的工作学习都比较紧张，营养不足会影响学习工作效率，所以早餐应当是正正经经的一顿饭。早餐除主食外，至少应包括奶、豆、蛋、肉中的一种，并搭配适量蔬菜或水果。

一日三餐，早餐要吃好、午餐要吃饱、晚餐要吃少。讲究膳食质量，第一要多样化，第二要按比例吃。现在越来越多的人开始注重饮食多样化，但是按比例吃还很难做到。合理的膳食结构，是指把一天所有吃的东西加起来，要实现膳食平衡。

"皇帝的早餐"

每天早上至少要吃十一二种食物，这对我们啃一个肉包子就上班的白领或者学生族而言，简直是天方夜谭，谁有空去准备这么复杂的早餐？又不是天天放假。然而"皇帝的早餐"并不费时，一旦养成习惯，最多20分钟就能搞定。

　　牛奶是"皇帝的早餐"必不可少的饮料，为了调味，可以加一点点咖啡；一片葡萄干蛋糕，有时是核桃面包，大小约为切片面包的1/3。抹一点自己做的草莓酱或杏子酱，也可以买低糖健康的蓝莓果酱；一片黑麦面包，为1/2片切片面包，在上面涂抹猪肝酱或芝麻酱（从超市购买），放上一小块干奶酪、一小段德国进口的酸黄瓜、一小片原味烤肉，外加一小块蒸红薯、一小段煮熟的新鲜玉米、一个白煮鸡蛋、一个水果，这样，"皇帝的早餐"就齐全了。

● "皇帝的早餐"

模块9在线练习

第二篇

西餐原料知识

有人说过："音乐是世界的艺术，因为它没有国界。"世界上还存在着另一门没有国界的艺术，那就是美食。法国有句名言："没有比对美食更加真挚的爱了。"中国人则说："民以食为天。"可见，对美食的喜好具有跨越民族的特点。人们只有口味偏好上的差异，却没有对美食的好恶。

其实，美食不仅仅是口腹之事，更是一个文化的绝好载体。小到地域特点，大到民族文化，在餐桌上均能得以体现。有人甚至放言："如果一定要胖，与其吃麦当劳，不如吃鹅肝酱。"

在越来越频繁的中西方交往中，美食起着举足轻重的作用，堪称文化大使。用一句法国俗语就可形象地说明这种情况："让我看看你吃什么，我就知道你是谁。"

美食最能展现各国风情。如今，风格迥异的各国料理在街头巷尾悄然出现，超市中也随处可见异国食材和香料，还有什么比美食更能贴近各国的风俗文化、拉近彼此的距离呢？

下面就让我们通过西餐原料这个窗口，走进欧美各国的西式烹饪、生活和文化，开启探索世界的美食之旅吧！

单元 **3**
西餐原料概述

◆ 案例引入 ▶

从厨王争霸赛看中西食材原料差异

在中法厨王争霸赛中，法国米其林餐厅星级厨师对阵中国各派大厨。比赛规则为两队轮流挑选每场规定的 60~80 种有限食材，挑选后的原料必须使用，在规定时间内制作出色、香、味俱全的菜品。

比赛中除了看到中法大厨们精彩的厨艺展示外，中西方在食材原料的挑选和应用上的差异也给人留下了深刻的印象。天下食材几乎尽被中国人烹饪为美味，天地间可食之物皆物尽其用。如内脏、边角料的毛肚、鸭肠、鸡爪、猪鞭、羊蝎子等，这都是法国人平日里弃之不用的；还有中国地域特产食材如霉干菜、魔芋、乌鱼蛋等也都令选手难以对付。特别是看到法国厨师面对失败后的"惩罚"食品如臭豆腐、蝎子、羊眼等被惊得"花容失色"时，我们不得不为中餐烹饪的博大精深而自豪。

不过在食材、调料多为中国特色的情况下，法国大厨用西餐做法创新了一些令评委交口称赞的新菜，其创新能力还是令人刮目相看的。

💡 想一想

（1）举例说出厨王争霸赛法国大厨利用中国特色食材创新的比赛菜品及特色。

（2）你认为完全用中国特产的烹饪原料能否做出正宗、原汁原味的西式菜点？为什么？

一个真正的烹饪大师，无论他来自东方或是西方，面对千差万别的食材原料，只要他有着扎实的烹饪原料知识基础，加上资深的阅历和极具创造力的烹饪功底，对任何食材都会"化腐朽为神奇"，出神入化为美食经典的。

模块 10
中西烹饪原料的主要差异

中式卤牛肉 PK 西式炖牛肉

牛腱蔬菜炖（Beef Pot Roast）这道菜中西餐都有，是符合时下正热荐的慢烹饪（Slow Cooking）理念的一个重要代表菜，其共同点是都选用牛腱为主料，强调用低火慢炖，重要区别则是配料及调料种类大相径庭。

中式选料一般使用料酒（黄酒）、红烧酱油（老抽）、白糖、香料（如八角、茴香、桂皮、花椒等），所以又称卤牛肉。西式选料要求用葡萄酒（红酒）或者朗姆酒、番茄酱、冰糖、青柠檬、黄油、蔬菜（洋葱、胡萝卜、芹菜、马铃薯、番茄、大蒜）、香料（月桂叶、胡椒），称为炖牛肉。

💡 **想一想**

（1）你能辨认出图中哪个是中式卤牛肉、哪个是西式炖牛肉吗？说说理由。

（2）在上述案例中你能找到生活（中式烹调）中没有使用过的原料吗？

一位美国美食家曾这样说："日本人用眼睛吃饭，料理的形式很美；吃我们的西餐，是用鼻子的，所以我们鼻子很大；只有你们伟大的中国人才懂得用舌头吃饭。中餐是以'味'为核心，西餐以营养为核心，至于味道，那是无法同中餐相提并论的。"这句话看似简单，但要真正理解其中的深刻含义，则必须从中西餐烹饪用料的差异开始。

32

知识点 **从选料范围看，西方受宗教禁忌约束，
不如中餐选料广泛**

　　由于我国多数人在饮食上受宗教的禁忌约束较少，而人们在饮食上又喜欢猎奇，讲究物以稀为贵，所以中餐的选料非常广泛，几乎是飞、潜、动、植，无所不食。而西方自中世纪后在精神文化上一直受到宗教的约束，加之由于现代营养学的建立，与中餐相比，西餐在选择烹调原料上，除法式菜比较广泛外，一般没有中餐选料范围广，但用料很讲究。

　　西餐在选料上局限性较大，常用的原料有牛、羊、猪肉和禽类、乳蛋类等，对内脏的选择很少，特别是诸如猫、狗等宠物以及野生动物，一般不能接受当做烹饪用料。

让狗肉远离世界杯

　　2002 年韩日世界杯期间，首尔 150 位狗肉餐馆的经营者提出要在韩日世界杯举行时在体育场周围举办大型狗肉免费品尝活动。这些富有韩国特色的食品包括以狗肉为主要原料的蒸肉、肉汤、三明治和汉堡包。未曾想此举却引起轩然大波，尤其在视狗为人类挚友的西方社会，此举无疑令人难以忍受。世界各地的动物保护组织纷纷就此发表评论，并要求韩国政府采取行动，让狗肉远离世界杯。迫于韩国政府和各国动物保护机构的压力，首尔一些狗肉店店主取消了他们的世界杯促销计划。

　　同样在 2008 年 6 月，北京市食品办发出"禁狗令"，要求北京奥运会期间所有奥运签约饭店、涉外场所、车站、机场等地区的餐饮企业，暂停提供狗肉菜品。

33

知识点 **西餐配料选择品种丰富，奶制品使用量大**

　　西餐虽在主料选择方面相对局限，但常用的蔬菜水果等配料品种却很丰富，花样繁多。如美国菜常用水果制作菜肴或饭点，咸里带甜；意大利菜则会将各类

面食制作成菜肴：各种面片、面条、面花都能制成美味的席上佳肴；而法国菜选料更为广泛，诸如蜗牛、洋百合、椰树芯等均可入菜。

另外，西餐的一个显著特点，是使用的奶制品范围广，不论是入菜、入点、入汤，吃起来都浓香馥郁，使人欲罢不能。一个民族的饮食习惯和口味特征，是一定的地理、气候、历史、文化的产物。西式菜点之所以较多地使用奶制品，原因是欧美各国畜牧业十分发达，奶牛饲养量大，牛奶的产量高。欧美人饮用最多的是牛奶，他们食用牛肉多于其他肉类，也是这个原因。除了牛奶，欧美人还饮用羊奶等。西餐中奶制品运用得比较多，品种也很丰富，如各种奶酪、淡奶油、黄油等，其中奶酪就有上百种，这一点与中国的豆制品相似。这些是决定中西餐差异的客观因素。

34
知识点 中西餐调味料的选择差异明显

中西餐都重视调味，但是调味料品种的选择差异明显。中餐强调让重口味的调料味融入主料中，而西餐则是外加调味品，让其滋味与原汁原味的主料在口腔中融合。

由于地域、气候、风俗等不同，造就了调味料的选择差异较明显。如西餐多用酒来调味，什么样的菜选用什么酒都有严格的规定，不同的菜中加入不同的酒是西菜的一个显著特点。如清汤用葡萄酒、雪利酒，海味用白兰地酒，烤鸡、焗火腿加香槟酒，甜品用各式甜酒如朗姆酒、利口酒等。德国菜则多以啤酒调味，而中餐通用的是料酒。西餐中香草的运用也十分广泛。香草品种繁多，常见的有百里香、迷迭香、牛膝草干制品和鲜品，尤其是在各种酱汁中大多加入了香草来增香增味。另外，如酸奶油、芥末、柠檬等都是常用的调味品。

模块 10 在线练习

模块 11
常用西餐原料概述

"中西合璧"美食新潮

食材混搭，造型如画，中西合璧，"奇"招制胜。将西方食材、调料引入中餐，用中餐形式演绎另类西餐。随着中西文化交流的不断增加，西餐的许多烹调方法及原料已被运用到中餐烹调中，包括西餐调料、西餐摆盘，开发出了一些有西餐特点的中餐菜肴。

创意菜既展现了西餐的精致时尚，也包含有传统的中国美味，中西合璧，让人耳目一新。在中式菜品中，融入西方的食材、调料、做法和摆盘方式，是以后中餐菜品开发的一大方向。

随着经济全球化及信息交换的加快，中西方饮食文化将会相互交融，取长补短。如将西方食材、调料引入中餐，多推自助餐，逐步推行商务餐"分餐制"，根据消费人数提供可选择的套餐等。推行中菜西做、中菜西吃等新烹饪方法和新消费观念等，人们将会享受到更美味、更快捷、更营养的食品。

💡 想一想

（1）你认为只用中餐的常用原料能够做出正宗、原汁原味的西式菜点吗？

（2）说一说你日常生活中接触过哪些西餐原料？分享你吃过的印象深刻的西餐（名称、原料及口味特点）。

（3）你能举例说明一个"中菜西做""中菜西吃"的实例吗？

虽然菜肴的制作有很多的步骤，但是选好原材料是基础。俗话说："巧妇难为无米之炊。"目前，餐饮行业的菜点变化不断出现，创新性非常强，而这些都离不开对原料知识的掌握和应用。喜新，是每个消费者的心理，顾客都期待更有趣、更令人舒畅、更令人惊喜的菜肴。而提高餐饮附加值的秘诀之一，就是选择较好的烹饪"素材"——烹饪原材料。

应用于烹饪的原料种类极多，各类原料又有众多的品种，每一个品种又有产地、产季的不同，有的还经过加工复制，因而同一种原料其质量和感官形态在不同的情况下有较大的差别。在烹饪过程中，如不按各种原料的性质进行选择，不仅很难合理地使用它们，还很难发挥烹饪原料固有的特点和效用，而且还会造成对烹饪原料的浪费。

35
知识点 西餐烹饪原料知识的内涵

作为烹饪工作人员，不仅要了解烹饪原料的产地、出产季节、外形结构、品质特点（包含营养价值）以及品质鉴定、保管方法等，还要研究原料应用的最佳烹调效果。

（一）原料的产地

原料产地主要是指原料生长的地方。食品标志应当标注食品的产地。大闸蟹必称阳澄湖、大鱼头必称千岛湖、小龙虾必称盱眙——这就是知名产区的价值所在。粤菜馆的单子上往往会写上"清远鸡"，有些还是限量供应，拥有地理标志产品保护的清远鸡是广东名鸡，最适合做粤菜里的葱油白切鸡。再比如来自海南的黑山羊，在冬天的火锅季大出风头，用的也是新产区的概念。

在西餐原料中，谁都知道在牛肉界名气最大的是神户牛肉，从澳大利亚象拔蚌到挪威三文鱼，再从阿拉斯加生蚝到法国松露，好食材不管从多远的地方都会被运来，要找到大家没听过、没吃过的新鲜食材已经成为大厨们的最重要的任务之一。要在餐饮界做出权威的样子，就必定讲究食材产地。

餐厅的牛排可追溯产地

如今，顾客不仅能从餐厅菜单上看到菜品的价格、图片，而且还可以了解原料来源。

● 牛

对着一块正好煎到五成熟、浇着香浓酱汁的牛排，你的第一反应是直接刀叉伺候，还是先研究一下这块牛排的来历？当今，许多品牌西餐厅建立了一套从餐盘上的牛排直接追踪到产地那头牛的"可追溯系统"，为食客提供了牛排入口前的"附加服务"。

这是现在很多餐馆正在采用的一种借力营销的手段。

每份牛排上都有一面写着编号的小旗，在餐厅的网站查询系统上输入编号，你就可以看到那头已经献身的牛，它什么时候出生、什么时候发育，体形、等级如何，吃的什么草料又吞过什么药，这些信息一目了然。如大连雪龙牛肉，在牧场已经建立畜产品质量可追溯体系，从牛犊出生到育肥阶段都利用电子耳标建立了雪龙黑牛电子档案。

（二）原料的出产季节

按照中国的传统说法，"不时不食"，也就是说，食物得天地物候之气，它的性质与气候环境的变化是密切相关的。如果不是应季食物，它就没有那个季节的特性，它的营养价值就会因此改变。因此，古人提倡吃应季食物。在日本也有类似说法，人们热衷于吃"初物"，就是到了季节新鲜上市的食物，从食物当中感受四季变化，体验人与自然协调的美感和幸福。

从农业生产角度来说，应季的产品品质优于反季产品。番茄长在冬季大棚里，其中维生素 C 的含量只有夏天露地种植产品的一半。刻意选育和栽培的早熟果实，口味和营养价值通常不如自然熟的水果。

（三）原料的外形结构

原料的外形结构主要指外部形状、颜色及内部构造，这是区分辨认各种原料品种及分类的第一步。人们依据观察和简单的解剖，可以准确地把握原料的外形构造。除了在实训实践中仔细观察、积累经验外，更要有科学对比、比较学习的良好习惯。如西餐中的常用水果之一"青柠"，它与柠檬同科同属但不同种，是一种貌似柠檬但皮薄的小型水果，一般比柠檬小，表皮绿色，味道比柠檬更酸，虽有时可互相替换但不宜随意混用。

（四）原料的品质特点

烹饪原料的品质特点主要包含以下几个方面，这也是原料品质鉴定的依据和标准。

（1）原料的固有品质。包括原料的营养价值、质地、味感等。

（2）原料的纯度和成熟度。纯度越高品质越好，成熟度则是要恰到好处。

（3）原料的新鲜度。原料的新鲜度是鉴别原料质量的最基本标准，主要表现在形态、色泽、水分、质地、气味及清洁卫生等方面。

（五）原料品质鉴定

烹饪原料品质鉴定就是运用一定的检验手段和方法，对烹饪原料进行质量优劣的鉴定。其鉴定方法主要分为理化鉴定和感官鉴定两类。

（1）理化鉴定。理化鉴定是指利用理化及微生物等知识，并借助相关仪器对烹饪原料的优劣进行鉴别的方法，包括物理和生物检验两个方面。这些都需要具备一定的场所、设备和专门人才，一般由国家设立的专门检测机构担任。

（2）感官鉴定。感官鉴定就是检验者用自己的感觉器官，通过视觉、嗅觉、味觉、听觉、触觉等对烹饪原料进行鉴定。主要鉴定原料的形态、色泽、外表结构、气味、滋味、弹性、韧性、硬度等方面的情况，是最简便易行、实用、有效的检验方法。

（六）原料保管

烹饪原料绝大部分来自动植物生鲜原料，这些生鲜原料在收获、运输、储存、加工等过程中，仍在进行新陈代谢，从而不断影响着原料的品质。尤其在原料的储存保管过程中，如果保管不善，将直接影响原料的质量，进而影响菜点的质量。因此，必须采取一些措施，尽可能控制原料在储存过程中的变化。

烹饪原料保管的任务是结合原料本身的新陈代谢作用，搞清楚原料在储存过程中的变化规律，以及影响这些变化的外界因素，采取相应的措施，确定适宜的保管方法，防止原料发生霉烂、腐败、虫蛀等不良变化，并尽可能保持原料固有的品质特点和食用价值，延长原料的使用时间。

常见的西餐烹饪原料保管法有以下几种。

1. 低温保藏法

低温保藏法是保管烹饪原料最普通、最常见的方法。低温可以有效地抑制或杀灭微生物的生长繁殖，还能延缓或停止原料内部组织的生化过程。

其中，冷却保藏是把食品的温度降低到冰点以上，一般为 0℃~6℃，适用于短时间内准备食用的动物性食品及需要保鲜的瓜果蔬菜；而冷冻保藏是把食品温度降低到冰点以下，使食品中的水分冻结成冰。–10℃以下微生物停止生长繁殖，–20℃以下酶的作用基本停止，为此长时间保藏肉类以 –20℃为好，鱼类以 –30℃~–25℃为好，但时间过长会造成脂肪的超期氧化。

2. 高温保藏法

因为微生物对高温的耐受力较弱，当温度超过 80℃时微生物的生理机能就会减弱并逐步死亡，这样防止了微生物对原料的影响。

巴氏灭菌法与超高温瞬间灭菌法

法国微生物学家巴斯德在研究啤酒酿出后变酸现象时，发现营养丰富的啤酒简直就是使啤酒变酸的罪魁祸首——乳酸杆菌生长的天堂。采取简单的煮沸的方法是可以杀死乳酸杆菌的，但是这样一来啤酒也就被煮坏了。巴斯德尝试使用不同的温度来杀死乳酸杆菌，而又不会破坏啤酒本身。最后的研究结果是：以50℃~60℃的温度加热啤酒半小时，就可以杀死啤酒里的乳酸杆菌，而不必煮沸。这一方法挽救了法国的酿酒业。这种灭菌法也就被称为"巴氏灭菌法"。它在我们生活中有着广泛应用，如袋装牛奶、酸奶等大都是用巴氏灭菌法制成的。

随着技术的进步，人们还使用（UHT）超高温瞬间灭菌（高于100℃，但是加热时间很短，对营养成分破坏小）对牛奶进行处理。经过这样处理的牛奶的保质期会更长。我们看到的那种纸盒包装的牛奶大多数采用这种方法。

3. 脱水保藏法

脱水保藏是通过一定的干燥方法，使原料降低含水量，从而抑制微生物生长繁殖，达到保藏原料目的的一种方法。如利用日光或风力将原料晒干或风干的自然干燥法适用于谷物、干菜、干果、水产品以及山珍的干制。而人工干燥法如利用热风、蒸汽、减压、冻结等方法脱去原料中的水分，适用于奶粉、豆奶粉、蛋黄粉等的保藏。

4. 密封保藏法

密封保藏是将原料严密封闭在一定的容器内，使其和日光、空气隔绝，以防止原料被污染和氧化。它适用于罐装蘑菇、冬笋、芦笋等的保藏。有些原料经过一定时间的封闭，还可使其风味更佳，如陈酒、酱菜。火腿表面涂上石蜡即可不变质，也属于这一方法的应用。

5. 腌渍和烟熏保藏法

腌渍一方面可增加各种食品的风味特色，另一方面又能达到较长时间保藏的目的。腌渍又可分为盐腌法、糖渍、酸渍、酒渍保藏法。烟熏就是在腌渍的基础上，利用木材不完全燃烧时产生的烟气来熏制原料达到保藏食品原料的方法。适用于熏鱼、熏鸡。

6. 气调保藏法

气调保藏法是目前一种先进的原料保藏方法，它以控制储藏库内的气体组成来保藏食品及烹饪原料，多用于新鲜蔬菜及水果的保藏。也可制作成为"气调小包装"或"塑料小包装"。

7. 保鲜剂保藏法

在原料中添加保鲜作用的化学试剂来增加原料保藏的时间，就是保鲜剂保藏法。保鲜剂有防腐剂、杀菌剂、抗氧化剂、脱氧剂等。

36
知识点 西餐烹饪原料的分类

烹饪原料学研究的种类多，涉及面广。

烹饪原料的分类方法很多，对原料进行品种分类是为了准确、系统、规范地了解认识原料知识，从而做到合情合理地使用原料。

根据分类指标的不同，原料品种常见的分类形式有以下几种情况。

（一）基本分类

1. 按原料的自然属性分类

有植物性原料、动物性原料、矿物性原料、人工合成原料。

2. 按原料的加工状况分类

有鲜活原料、冷冻原料、冷藏原料（冷却）、脱水原料、腌制原料。

3. 按原料在菜肴中的用途分类

有主料、配料、调料、装饰料。

4. 按原料商品学分类

有粮食类、蔬菜类、水产品类、畜肉类、禽肉类、乳品类、蛋品类、调料类。

5. 按原料资源的不同分类

有农产品、畜产品、水产品、林产品。

6. 按原料营养素构成的不同分类

有热量食品原料（碳水化合物和脂肪——黄色食品）、构成食品原料（蛋白质——红色食品）、保全食品原料（维生素、矿物质——绿色食品）。

7. 按原料来源分类

有外购原料和自制加工原料（主要指调料）。

8. 其他分类

西餐还习惯将肉类分为红肉和白肉，红肉和白肉的区别取决于肉类中所含的

"肌红蛋白"的多少。猪肉、牛肉、羊肉等属于红肉，但是小牛肉属于白肉。家禽同时含有红肉及白肉，取决于所选种类、部位。鸡肉为白肉，鸭肉属红肉；鱼及海鲜大部分都属白肉。通俗地认为，白肉是家禽类和海鲜类，红肉是家畜类。区分红白肉不仅影响烹饪的手法，也和配餐的酒水选择相联系。

（二）按原料在西餐厨房不同岗位的应用频率综合分类

本书对于西餐常用的原料分类以商品学分类为基础，主要包括谷类、蔬菜类、水果类、家畜类、家禽类、水产类及肉制品类、野味类、奶制品类、蛋类、调味品类、香料类、酒类等。为适应未来星级酒店西餐厨房岗位新需求，我们又对西餐厨房不同岗位的典型工作任务进行分析，依据不同岗位群及部门对原料应用频率高低，有机地将常用原料分为西饼房常用原料、西餐冷厨房、热厨房及切肉房常用原料四大部分。

1. 西饼房常用原料

主要为谷类，包括面粉，如杂粮中的燕麦、玉米、黑麦等，为人体提供碳水化合物、蛋白质、膳食纤维和 B 族维生素，是人体热能最主要的来源。我们将着重学习品种繁多的各类特色风味原料如巧克力、奶蛋及其制品类特别是奶制品的品种特点，以及各种添加剂及调味酒类等知识及其应用。

奶类食品在西餐中用途极广，几乎每餐都离不开它。奶类的品种很多，常见的有牛奶、酸奶、奶油、黄油等。

而辅助原料主要指油脂类和添加剂类，它们主要决定成品的色香味形并能延长保质期。

2. 西餐冷厨房常用原料

蔬菜和水果在西餐中占有重要位置，既可做主料，也可做辅料和配料，冷、热菜都离不开它们。

这类原料主要包括蔬菜水果类，是特别适于沙拉制作的进口高档蔬果。目前，蔬菜、水果是人们平衡膳食、获取人体所需营养物质的重要来源。西方人对它们的兴趣越来越大。西餐所用的蔬果品种很广泛，其中有不少是我国自产品种。随着人们生活水平的提高以及中西方交流的深入，在我国的西餐中选用进口高档蔬果的品种日益增多，比如菊苣、鳄梨等几乎每餐必不可少。

肉制品食用方便，耐储藏并有特殊风味，在西餐烹调中应用广泛。西餐的肉制品种类很多，根据其制作原料和加工方法不同，大致可分为培根、火腿、香肠和冷切肉等。

调味品是决定菜肴风味的关键原料。西餐调味品与中餐调味品迥然不同，而且有部分调味品是一些国家的土特产，我们不易见到。目前我国西餐冷厨房常用的与沙拉、凉菜关系密切的调味品有辣酱油、葡萄醋、番茄酱、色拉油、橄榄油等。

3. 西餐切肉房常用原料

西餐切肉房是负责对各类鲜活烹饪原料进行初步加工（宰杀、去毛、洗涤）、对干货原料进行涨发，并对原料进行初步刀工处理、腌味和适当保藏的厨房。所以，切肉房常用原料知识主要涉及各种肉类及肉制品的来源、分类及优良品种，以及肉类的保管及品质鉴定。

4. 西餐热厨房常用原料

西餐烹调常用的家畜肉的种类很多，主要是牛肉，特别是小牛肉；其次是羊肉、猪肉等，鹿肉、兔肉等也比较常见。

另外，西餐还习惯将肉类分为红肉和白肉，红肉和白肉的分别取决于肉类中所含的"肌红蛋白"的多少。猪肉、牛肉、羊肉等属于红肉，但是小牛肉属于白肉。

西餐烹调中常用的家禽主要有鸡、鸭、鹅、火鸡、珍珠鸡、鸽子、鹌鹑等，其中，鸡是西餐烹调中最常用的家禽类原料。肉色为白色的家禽主要有鸡、火鸡等，肉色为红色的家禽主要有鸭子、鹅、鸽子、珍珠鸡等。

水产类食物在西餐中占有重要位置。水产品包括的范围广泛，可食用的品种也很多，根据其不同特性大致可分为鱼类、虾蟹类、贝壳类、软体类等。在西餐烹调中常见的其他水产品主要有扇贝、贻贝、牡蛎、蛤蜊、龙虾、明虾、蜗牛、鱼子酱等。

野味类原料是野生可食性动物的总称。野味类的营养成分与家禽家畜相似。各种野生动物在冬季最肥美，很多西方国家都有在冬季吃野味的习惯。但由于野生动物平时不多见，而且别有风味，所以也是调剂花样、丰富生活的好食品。

西餐中使用野味原料曾经非常广泛，尤其以德式菜、英式菜更为突出。现在随着人们对生态环境的了解和环保意识的增强，真正的野味在西餐中已经越来越少，取而代之的是用特殊方法人工饲养的野味。这些经特殊方法养殖的野味，既保留了野味原料特殊的风味，又保护了生态环境，非常受消费者的青睐。西餐中常用的野味原料主要有野兔、野猪、山鸡、松鸡、珍珠鸡等。

香料是主要用于调味的脱水植物，包括热带芳香族化合物（胡椒、肉桂、丁香等），叶状草本植物（罗勒、薄荷类等），香料籽（芝麻、芥末等）以及脱水蔬菜（洋葱、大蒜等），混合类如咖喱、辣椒粉也都是香料的一部分。香料是由不同部分组成的，如茎、叶、根、花、果实以及果核、种子及皮等。

酒类按照生产工艺的特征可以分为三大类：蒸馏酒如我国的白酒，外国的白兰地、威士忌、伏特加、朗姆酒、阿拉克酒等；发酵酒如黄酒、啤酒、葡萄酒和其他果子酒等；配制酒就是用蒸馏酒或发酵酒为酒基，再人工配入甜味辅料、香料、色素或浸泡药材等形成的最终的酒，如果露酒、香槟酒、汽酒等。

区分无公害农产品、绿色食品与有机食品

安全食品主要包括无公害农产品、绿色食品、有机食品。这三类食品像一个金字塔，塔基是无公害农产品，中间是绿色食品，塔尖是有机食品，越往上要求越严格。

"无公害农产品"是指经农业行政主管部门认证，允许使用无公害农产品标志，无污染，安全，农药和重金属均不超标的农产品及其加工产品的总称。

"绿色食品"是由中国绿色食品发展中心推广的认证食品，分为 A 级和 AA 级两种。其中，A 级绿色食品生产中允许限量使用化学合成的生产资料，AA 级绿色食品则较为严格地要求在生产过程中不使用化学合成的肥料、农药、兽药、饲料添加剂、食品添加剂和其他有害于环境和健康的物质。

"有机食品"是指按照有机农业生产标准，在生产中不采用基因工程获得的生物及其产物，不使用化学合成的农药、化肥、生长调节剂、饲料添加剂等物质，采用一系列可持续发展的农业技术，生产、加工并经专门机构（国家有机食品发展中心）严格认证的一切农副产品。

模块 11 在线练习

单元4
西餐厨房常用烹饪原料

◆**案例引入**◆

西餐原料本地化的利与弊

　　西餐制作基本上依靠进口材料，这是中国西餐厅价位高于中餐厅的原因之一。尽量减少进口原材料的使用频率，使用本地的原材料，实现利益最大化，保证菜品质量和口味，成为行业发展的趋势。例如，杭州必胜客餐厅里有道菜叫法式红酒蜗牛，这个蜗牛并不是从法国漂洋过海来的，而是在距离杭州不远的嘉兴土生土长的；罗勒、薄荷、紫苏等西餐里用得比较多的"洋香菜"，现在在国内超市也可以买到，西餐原料正在踏上本土化征程。

● 西餐原料

由于是在本地土生土长的，西餐用香料比较新鲜。以薄荷为例，以前从巴西进口的薄荷为了方便运输和储存，大多呈晒干状，现在，当天从基地采摘下来就可以送到餐厅了。而且，本地产薄荷的价格是巴西产的1/6左右，每斤要相差50多元。不过，也有一些挑剔的西餐大厨对本地化的香料颇有微词："价格是便宜了，但品质不过硬。像紫苏，本地产的体积偏大，香味也不够浓。"

 想一想

（1）到超市里找一找有哪些进口的烹饪原材料，说说它们与本地产的原料在包装及标志上的区别。

（2）谈谈你对于西餐烹饪原料本地化的想法。

西餐之所以独具魅力，除了它的烹饪方式及就餐礼仪文化外，更多表现在烹饪原料的品种及特点上。掌握西餐常用的烹饪原料知识是学好西餐烹饪的基础。

西餐原料
中英对照总表

模块 12
西饼房常用原料

烘焙食品发展趋势——回归自然

史前时代，人类已懂得用石头捣碎种子和根，再混合水分，搅成较易消化的粥或糊。公元前9000年，位于波斯湾的中东民族，把小麦、大麦的麦粒放在石磨上碾磨，除去硬壳，筛出粉末，加水调成糊后，铺在被太阳晒热的石块上，利用太阳能把面糊烤成圆圆的薄饼。这就是人类制出的最简单的烘焙食品。

● 烘焙食品

20世纪后期，欧美各国科技发达，生活富足，食品种类繁多，面包的主食地位日渐下降，逐渐被肉类取代，但随之而来的却是心脏病、糖尿病的增加，这使人们对食物进行重新审视，开始提倡回归自然，素食、天然食品大行其道。当回归自然之风吹向烘焙行业时，人们再次用生物发酵方法烘制出具有诱人芳香美味的传统面包，用最古老的酸面种发酵方法制成的面包，越来越受到中产阶层人士的青睐。全麦面包、黑麦面包，过去因颜色较黑、口感粗糙、较硬而被人们所摒弃，如今却因其含有较多蛋白质和维生素而成为时尚的保健食品。

 想一想

（1）您能说出中西式面点在成熟方式上的主要区别吗？（答案提示：中式以蒸、炸为主，西式以烤、焙为主）

（2）你见过或者吃过全麦面包、黑麦面包吗？请你分享一下不同观感及口感；试分析它们的主要区别。

面点，特指利用面粉、米粉及其他杂粮粉等原料调成面团制作的面食小吃和正餐宴席的各式点心，分中式面点和西式面点。西式面点（West Pastry），主要是指来源于欧美国家的点心。它是以面粉、糖、油脂、鸡蛋和乳品为主要原料，辅以干鲜果品和调味料，经过调制、成形、成熟、装饰等工艺过程而制成的具有一定色、香、味、形的营养食品。

未来西点原料的发展应能适合人们对营养的需求，生产出营养成分丰富和各营养成分比例关系符合人体需要模式的营养平衡食品，从而保证人们的健康。这是烘焙食品开发的根本趋势。

西饼房常用的制作面点的原料，按其作用可分为主要原料、调辅原料两大类。调料和辅助原料是制作面点不可缺少的原料，常用的主要有奶类及奶制品、蛋类、巧克力及糖、盐、烘焙油脂及各式食品添加剂等。（常用果蔬类、坚果类、香草类、酒类等原料将在后面的冷厨房及热厨房原料中进行介绍）

37
知识点 西饼房常用坯皮原料

坯皮原料
中英对照表

词汇在线

（一）面粉

面粉（Wheat Flour）由小麦磨制而成，是制作西式面点制品的最主要原料。其表皮（包括糊粉层）除了有丰富的纤维素之外，也不乏蛋白质及维生素，特别是维生素 B 族；而通常说的小麦粉主要为胚乳部分，其成分为淀粉、面筋蛋白质等；胚芽部分是麦子繁殖新生命的"雏形"，小麦胚芽中含有丰富而全面的营养。

按麦粒结构分类

1. 麸皮粉（Wheat Bran）

麸皮粉为小麦最外层的表皮。小麦麸是在麦谷脱粒或磨粉的加工过程中，必须产生的副产品。自古以来多当作无价值的下脚料掺兑在家禽家畜的饲料中。随着科学的发展，人们开始认识到麦麸在食物营养中及健康医学中有着重要的作用。

食用麸皮纤维有多种食疗保健作用，如有改善大便秘结的功效。一般可做食品的添加剂，掺在面粉中制作高纤维麸皮面包、饼干等，也可直接食用。

2. 全麦面粉（Whole Wheat Flour）

全麦面粉是一种特制的面粉，是由整颗麦粒磨成的，它含有胚芽、麸皮和胚乳。全麦面粉更利于健康，因为它富含纤维，能帮助人体打扫肠道垃圾，延缓消化吸收，有利于预防肥胖。在西点中通常用于发酵类制品，如全麦面包、小西饼等的制作。

全麦面包的鉴定

● 全麦面包

去超市的面包房不难找到全麦面包，但仔细看配料表你会发现，通常配料表的第一项都是全麦粉。这是商家为了让消费者更爱吃，就用白面粉来做，然后加少量焦糖色素染成褐色，看来显得有点暗，但本质上仍然是白面包，所谓营养价值少之又少。

真正的全麦面包是用没有去掉麸皮和麦胚的全麦粉制作，颜色有点微褐，肉眼能看到很多麦麸的小粒，质地也比较粗糙，但有香气。

所以，真正好的全麦面包应该呈不均匀的天然褐色，其口感粗糙，应该能吃到里面的天然麸皮。如果颜色太深接近黑色，就可能是染色的；如果只在表面有几颗全麦粒，但里面口感松软，十之八九是假的。

3. 面筋粉（Wheat Gluten）

面筋粉，俗称"小麦蛋白"，是从小麦面粉中加工提取的一种天然植物蛋白，由多种氨基酸组成，是营养丰富的活性蛋白质。它具有很强的吸水性、黏弹性、黏附热凝性和吸脂性，并且具有清淡香醇和带谷物口味等独特的物理性，用于各种方便面、面包、鱼肉制品的制作中，是素食佳肴和水产养殖、宠物饲料的基础原料。

4. 小麦胚芽粉（Wheat Germ）

小麦胚芽出自小麦但又胜于小麦。胚芽作为小麦籽粒的核心和生命中枢，蕴藏着丰富的营养成分及微量生理活性物质，在种植时胚芽发育成生命种子的幼根和子叶，虽占小麦重量的3‰，但营养却占小麦的97%，具有极高的综合营养价值。小麦胚芽粉可以用作胚芽面包的制作，尤其适合作为儿童和老年人的营养食品。

按面筋含量及用途分类

按面筋含量及用途分类，主要有低筋面粉、高筋面粉、中筋面粉等。

1. 低筋面粉（Low Gluten Flour）

低筋面粉又称"薄力粉"（Weak Flour）、"蛋糕粉"（Cake Flour），由软质小麦磨制而成的，其蛋白质含量低，约为8%，湿面筋含量在25%以下。由于蛋白质含量低、筋度小，制作时不会起团、不能起筋。此种面粉最适合制作蛋糕类、曲奇、泡芙、松饼等松散、酥脆、无韧性的点心。

2. 高筋面粉（High Gluten Flour）

高筋面粉又称"强力粉"（Strong Flour）、"面包粉"（Bread Flour），通常用硬质小麦磨制而成，蛋白质含量高，湿面筋含量在41%以上，因此筋性亦强，具有较强的弹性和延展性来包裹气泡、油层，以便形成疏松结构。此种面粉适合制作面包类制品及美式厚比萨、泡芙、松饼等发酵或膨松类点心。

3. 中筋面粉（All Purpose Flour）

中筋面粉又称"精制粉""富强粉"，是介于高筋与低筋之间的一种具有中等韧性的面粉，湿面筋含量在25%~35%。一般大众市场卖的及菜谱里不特别标注什么面粉的，都是这种中筋面粉。油脂蛋糕本身结构比海绵蛋糕松散，选用中筋粉，会使蛋糕的结构得到进一步加强，从而变得更加蓬松。这种面粉多数用于中式点心的馒头、包子、水饺以及部分西饼中，如蛋塔皮和派皮等。

常用的面筋测定法

1. 水洗法

取面粉20~25克，加水后充分搓揉，做成面团，把这个面团放到温水中大约20分钟后，慢慢地揉洗，则其中白色的淀粉会流失，剩下的就是十分具有弹性的面筋（又叫湿面筋）。

2. 手试法

将用力握住面粉的手松开时，成团的是低筋面粉，散开了的就是高筋面粉。

3. 颜色鉴别法

颜色很白的是低筋面粉，偏米白色的是高筋面粉。

词汇在线

（二）生粉

生粉（Starchy Flour），又称"淀粉""芡粉"，严格讲是各种淀粉的总称，主要作勾芡、制作点心用，它的主要成分是直链淀粉。生粉可以用任何含淀粉的农作物提炼，并不是专指哪一种淀粉，比如红薯淀粉、玉米淀粉等生粉。

1. 太白粉（Potato Starch）

又称"马铃薯淀粉""土豆淀粉"。家庭用得最多质量最稳定的是勾芡淀粉，中国台湾地区叫太白粉。特点是黏性足，质地细腻，色洁白，光泽优于绿豆淀粉，但吸水性差。在中式烹调中经常将太白粉加冷水调匀后加入煮好的菜肴中勾芡，使汤汁看起来浓稠，同时使食物外表看起来有光泽。

2. 玉米淀粉（Corn Starch）

玉米淀粉在中国港澳地区又叫"粟粉"或"鹰粟粉"，它是从玉米粒中提炼出的淀粉——供应量最多的淀粉，但不如土豆淀粉性能好。西饼房中粟粉较为常用，除了做布丁时可以起到凝胶作用外，也可在做饼干时使用，用于改善内部组织的酥松度。饼房中还可以按照质量比将四份中筋面粉加一份玉米淀粉混合配成低筋粉使用。

3. 木薯淀粉（Tapioca Starch）

木薯淀粉又称"菱粉""泰国生粉"。因为泰国是世界上第三大木薯生产国，仅次于尼日利亚和巴西，在泰国一般用它做淀粉。它在加水遇热煮熟后会呈透明状，口感带有弹性。木薯淀粉无味道、无余味，因此较之普通淀粉更适于精调味道的产品，例如布丁、蛋糕和西饼馅等。

4. 小麦淀粉（Wheat Starch）

小麦淀粉又称"澄面""澄粉"。澄粉一般是指面粉的淀粉即小麦淀粉，是一种无筋的面粉，成分为小麦，可用来制作各种点心，如虾饺、粉果、肠粉等。它是加工过的面粉，用水漂洗过后，把面粉里的粉筋与其他物质分离出来，粉筋成面筋，剩下的就是澄面。

5. 西谷椰子淀粉（Sago Palm Starch）

西谷椰子淀粉干燥后即可加工成大米状的颗粒，当地居民称之为西谷米。这就是我们平时吃的椰汁西米露里面的西米。

（三）燕麦粉

燕麦（Oats），俗称"莜麦""野麦"，是由去壳燕麦精制而成，多与小麦粉混合使用。燕麦在西餐中被称为营养食品，它含有大量的可溶性纤维素以及维生素B族，能促进消化。燕麦由于缺少麦胶，一般可加工成燕麦片（Oat meal）、碎燕麦（Rolled Oats），在西餐烹调中，燕麦主要用于制作早餐食品和饼干制品等。

麦片≠燕麦片

很多人以为麦片就是燕麦片，其实这里面藏着商家的猫腻。纯燕麦是用燕麦粒轧制而成，形状比较完整，还有一些是经过速食处理的速食燕麦片有些散碎感，但仍能看出其原有形状。

燕麦煮出来的粥也是高度黏稠，这是其中的葡聚糖健康成分所带来的，燕麦的降血脂、降血糖的功效以及高饱腹感都是由它而来。现在卖的一些"麦片"或称为"营养麦片"的食品则是多种谷物混合而成，如小麦、大米、玉米、大麦等，其中，燕麦只占一小部分，甚至根本就不含燕麦。看看成分表你

● 麦片

就会发现，里面还会加入麦芽糊精、砂糖、奶精（植脂末）、香精等，加入砂糖和糊精会降低营养价值，还会加快血糖上升的速度，加入奶精则含有了反式脂肪酸，不利于心血管健康。

（四）黑麦粉

词汇在线

黑麦（Rye），又称"裸麦"，适应其他谷类不适宜的气候和土壤条件，在高海拔地区生长良好。在所有小粒谷物中，其抗寒力最强，生长范围可至北极圈。黑麦中的碳水化合物含量高，含少量蛋白、钾和 B 族维生素。主要用来做面包，以及作饲料和牧草。除小麦外，黑麦是唯一适合做面包的谷类，但缺乏弹性，常同小麦粉混合使用。因黑麦粉颜色发黑，全部用黑麦粉做的面包称为黑面包。

黑面包的营养价值

黑面包是俄罗斯人餐桌上的主食，乍看起来颜色像中国的高粱面窝头，切成一片一片的，口感有点儿酸味，又有点儿咸味，刚开始可能吃不惯。其实，黑面包既能顶饱又富有营养，还易于消化，对肠胃极有益，尤其适于配鱼、肉等荤菜。这是因为，黑面包发酵用的酵母含有多种维生素和生物酶。俄罗斯朋友介绍，烤黑面包很费事，光和面和发酵就得近两天时间。做好的面包坯，放入温度均匀的俄式烤炉里用文火焖烤，出炉时面包底部能敲得梆梆响，外观和色泽黑光油亮，切开后香软可口而又不掉渣儿，这才是黑面包的上品。芬兰国家技术研究所和库奥皮奥大学最近公布的一项研究结果表明，常食黑麦面包可防治糖尿病。专家解释说，普通面包在食用后会很快被分解，而黑麦面包分解的速度相对要慢得多，只需要较少的胰岛素就能保持人体血液的平衡，因此多吃黑麦面包可以达到预防糖尿病的目的。

● 黑面包

38

知识点 西点最具风味特色的原料——
乳类及乳制品

乳类及乳制品原料
中英对照表

牛奶和乳制品是西餐饮食中食用最普遍的食品之一，它们常常被用于许多风味食品的制作上。在西点烘焙中，乳制品不光是西点蛋糕中湿性材料的来源，同时也可以使成品味道更好，口感更细腻。下面就是在烘焙中比较常见的乳类及乳制品。

词汇在线

（一）乳类

1. 牛奶（Milk）

牛奶也称"牛乳"，营养价值高，含有丰富的蛋白质、脂肪及多种维生素和矿物质。根据奶牛的产乳期，可将牛奶分为初乳、常乳和末乳。市场上供应的常乳，主要是鲜奶和消菌牛奶。牛奶是西点烘焙中用到最多的液体原料，它常用来取代水，既具有营养价值又可以提高蛋糕或西点的品质。其功用主要有：调整面糊浓度；增加蛋糕内的水分，让组织更细致；牛奶中的乳糖可增加西点外表色泽、口感及香味。

优质的牛奶应为乳白色或略带浅黄色，无凝块、无杂质，有乳香味，气味平和自然，品尝起来略带甜味，无酸味。牛奶一般应采取冷藏法保管，如需长期保存，应放在 –18℃～–10℃的冷库中；如短期储存，可放在 –2℃～–1℃的冰箱中。

2. 水牛奶（Buffalo Milk）

水牛奶又名"百菲酪"水牛奶，是国际上公认的营养含量高、口感好的优质乳制品。在中国，只有广东、江西、广西等五个省区有水牛。水牛奶营养价值高，其干物质含量高达 18.44%，而普通牛奶一般是 13%；乳脂率含量为 7.94%，而普通牛奶一般是 3%~3.5%。水牛奶口味香醇浓厚，无膻味，胆固醇低，维生素、微量元素丰富，抗衰老的锌、铁、钙含量特别高，氨基酸、维生素含量非常丰富，是老幼皆宜的营养食品。

3. 羊奶（Ewe's milk）

羊奶分为山羊奶（Goats'milk）和绵羊奶（sheep milk），羊奶干物质中蛋白质、脂肪、矿物质的含量均高于人奶和牛奶，乳糖低于人奶和牛奶。羊奶以其营养丰富、易于吸收等优点被视为乳品中的精品，被称为"奶中之王"，是世界上公认的最接近人奶的乳品。

| 奶牛 | 水牛 |

| 绵羊 | 山羊 |

● 人类食用乳主要产乳动物

（二）非发酵性奶制品常见品种

词汇在线

1. 脱脂牛奶（Skimmed Milk）

脱脂牛奶是把常乳的脂肪去掉一些，使脂肪含量降到 0.5% 以下，还不到普通牛奶脂量的 1/7。脱脂牛奶适合肥胖人、老年人食用，它的营养价值与其他奶产品一样，只是口感差一些。

2. 奶粉（Milk Powder）

奶粉是以鲜奶为原料，经过巴氏杀菌、真空浓缩、喷雾干燥、脱水处理而制成的粉末状产品。制品呈极淡的黄色，为粉末状，加水调匀后基本上与鲜奶（又称还原奶）一样，大都盛放于瓶、罐或塑料袋中，它含水分少，宜于较长时间储藏。奶粉一般有全脂和脱脂之分，牛奶中的奶脂不易消化，脱脂奶粉适于小孩和病人。在西饼房中，奶粉大量用于面包、蛋糕及各种小甜点的制作中。

3. 淡奶（Evaporated Milk）

淡奶又称"蒸发奶"，蒸发浓缩，不加糖，装罐杀菌后即为罐装淡奶。它的浓度较一般牛奶高，奶香味也较浓，可赋予西点特殊的风味。如饮用咖啡时加些淡奶，入口又浓又香，并不亚于咖啡伴侣。罐装淡奶是一种经济实用的原料，在鲜牛奶、鲜奶油等缺乏的情况，可代之制作汤类、少司、面包、糕饼酥点等。

4. 炼乳（Condensed Milk）

牛奶加糖、加热、蒸发浓缩成加糖浓缩奶制品，即为炼乳，其乳脂肪含量不低于 0.5%，乳固形物含量不低于 24%。其中，甜炼乳又称凝脂牛奶，它脱去了牛奶中的大部分水分，再加入蔗糖，使其糖含量占 6% 左右，呈奶油状浓度，即成甜炼乳。

5. 鲜奶油（Whipping Cream）

鲜奶油是白色牛奶状的液体，乳脂含量更高，用以增加西点的风味。它具有发泡的特性，可以在搅打后体积增加，变成乳白状的发泡鲜奶油。鲜奶油又分为动物性鲜奶油和植物性鲜奶油。

（1）动物性鲜奶油（Cream）。可音译为"忌廉"。忌廉从牛奶中提炼出，含有 47% 的高脂肪及 40% 的低脂肪。在包装的成分说明上，动物性鲜奶油只有"鲜奶油"而无"棕榈油"等其他植物油成分或含糖量。动物性鲜奶油的保存期限较短，且不可冷冻保存，所以应尽快食用。真正的奶油是从牛奶中提炼出来的，是做高级蛋糕、西点的主要原料。

（2）植物性鲜奶油（Margarine）。又称"人造鲜奶油"，音译名"麦淇淋"或"玛琪琳"。麦淇淋主要成分为棕榈油、玉米糖浆及其他氢化物，可以从包装上的成分说明中看出是否为植物性鲜奶油。植物性鲜奶油通常是已经加糖的，甜度较动物性鲜奶油高，其含水量在 15%~20%，含盐量在 3%，熔点较高，系忌廉的代替品。植物性鲜奶油保存时间较长，可以冷冻保存，而且比忌廉容易打发，比较适合用来裱花。

6. 黄油（Butter）

黄油音译名"白脱"，又称"牛油"，是从奶油中进一步分离出来的较纯净的脂肪。在西餐烹调上一般又有鲜黄油和清黄油之分。

（1）鲜黄油（Fresh Butter）。鲜黄油是从奶油中进一步分离出来的较纯净的脂肪，其含脂率在 85% 左右，口味香醇，但由于含有较多的牛奶成分，故不耐高温，不宜直接用作烹调原料。

（2）清黄油（Pure Butter）。清黄油是从黄油中提炼的更为纯净的脂肪，其脂肪含量在 97% 左右，比较耐高温，可直接用于烹调菜肴。

黄油在常温下为浅黄色固体，加热熔化后，有明显的乳香味。黄油具有良好的起酥性、乳化性和一定的可塑性。由于黄油含脂率较高，较奶油容易保存，短期存放可放在 5℃ 的冰箱中，长期保存应放在 –10℃ 的冰箱中。因其易氧化，所以存放时应避免阳光直射，且要密封保存。

● 脱脂牛奶　　　　● 奶粉　　　　● 淡奶

● 炼乳　　　　● 鲜奶油　　　　● 黄油

烘焙房的奶油，你选对了吗？

奶油是制作西点必不可少的原料，用高价质优的鲜奶油（动物奶油）还是低价质次的植物奶油（人造奶油），决定了西点的成本高低。一般来讲，批发市场上植物奶油约 5 元 1 千克，而同样重量的动物奶油则要十几二十元，价格相差三四倍。

假奶油（植物奶油）质地较硬，而真正的动物纯奶油质地比较软，放进嘴里也容易化开。从外形上判断，好奶油的颜色偏淡黄色，质地细腻，奶香味浓；假奶油则颜色雪白，气孔大，奶香很淡。中国营养学会理事、中国农业大学食品学院副教授范志红提醒，买面包要多看标签上的成分表，标有"酥油、起酥油、植物起酥油、植物脂肪、人造黄油、麦淇淋、植脂末、奶精"等字眼的统统都是植物奶油。

（三）发酵性奶制品常见品种

1. 酸奶（Yogurt）

酸奶音译名"优格"，是以新鲜的牛奶为原料，经过巴氏杀菌后再向牛奶中添加益生菌，经发酵后，再冷却灌装的一种牛奶制品。对乳糖消化不良的人群，吃酸奶不会发生腹胀、气多或腹泻现象。牛奶发酵后产生的乳酸，可有效地提高钙、磷在人体中的利用率，所以酸奶中的钙和磷更容易被人体吸收。一般来讲，饮用一杯150克的酸奶，可以满足10岁以下儿童一天所需钙量的1/3和成人钙量的1/5。

● 酸奶

目前市场上的酸奶制品多以凝固型、搅拌型和添加各种果汁果酱等辅料的果味型为多。市面上大部分酸奶添加了香料或调味料，以增加口味及风味，但制作西点时最好使用原味酸奶。

酸奶需在4℃以下的环境中冷藏，在保存中酸度会不断提高而使酸奶变得更酸。选购酸奶时，先看酸奶的形状，正常情况下，凝固型酸奶的凝块应均匀细密，无气泡、无杂质，允许有少量乳清析出。搅拌型酸奶是均匀一致的流体，无分层现象，无杂质。正常的酸奶颜色应是微黄色或乳白色，这与选用牛奶的含脂量高低有关，含脂量越高，颜色越发黄。酸奶在开启包装后最好在2小时内饮用完。

市场上有些用牛奶（奶粉）、糖、乳酸（柠檬酸）、香料和防腐剂等加工配制而成的"乳酸奶"，这是打着酸奶的旗号销售的"含乳饮料"，不具备酸奶的活菌保健功效。为了延长保质期，这些含乳饮料大都添加了防腐剂，其营养价值远不及酸奶，购买时要仔细识别。蛋白质含量不低于 0.7% 的称为乳酸菌饮料，它有别于真正的酸奶。我们可根据包装标签上蛋白质含量一项把它们与酸奶区别开来。

益生菌（Probiotics）

益生菌是指有益于人体健康的一类肠道生理细菌，如双歧杆菌、嗜酸乳杆菌、干酪乳杆菌等乳酸菌。市面上各种酸奶制品品种繁多，不管是何种酸奶，其共同的特点都是含有乳酸菌。这些乳酸菌在人体的肠道内繁殖时会分泌对人体健康有益的物质，因此对人体有较多的好处。

保加利亚乳酸杆菌的发现和命名

20 世纪初，俄国科学家伊·缅奇尼科夫在研究保加利亚人为什么长寿者较多的现象时，发现这些长寿者都爱喝酸奶。他还分离发现了酸奶的酵母菌，命名为"保加利亚乳酸杆菌"。第一次世界大战后，缅奇尼科夫的研究成果被西班牙商人萨克·卡拉索应用于酸奶制造厂，他把酸奶作为一种具有药物作用的"长寿饮料"放在药房销售，但销路平平。第二次世界大战爆发后，卡拉索来到美国又建了一座酸奶厂，这次他不在药店销售了，而是打入了咖啡馆、冷饮店，并大做广告，很快，酸奶就在美国打开了销路，并迅速风靡世界。

2. 酸奶油（Sour Cream）

● 酸奶油

奶油经乳酸菌发酵即成酸奶油，含 18% 乳脂肪。酸奶油比鲜奶油要稠，味道较酸，呈乳黄色，口味也较鲜奶油更浓郁。酸奶油在俄式菜中使用较多，在西点烘焙中可以用酸奶来代替。由于酸奶油营养丰富，水分充足，很容易变质，其制品在常温下超过 6 小时就不应再食用，所以要注意及时冷藏。保管酸奶油一般采用冷藏法，温度在 4℃ ~ 6℃，为防止污染，保管时应放在干净的容器内，密封保存。

3. 奶酪（Cheese）

奶酪又名"乳酪""干酪"，音译名"起司""芝士"。目前世界上的奶酪品种有千种之多，其中，法国、瑞士、意大利、荷兰等国的奶酪较为有名。发酵奶酪是鲜乳经杀菌后，加入乳酸菌发酵，再加入凝乳酶，使酪蛋白沉淀，然后压制成形，再在微生物和酶的作用下发酵成熟而制成。大多数奶酪都是用这种方法加工制作的，著名品牌有英国车达奶酪、荷兰埃达姆奶酪、瑞士干酪等。按照制作方法区别还分为发霉奶酪和混合奶酪。发霉奶酪发酵时间长，味道浓厚，价格较高，如羊乳奶酪、巴伐利亚蓝纹奶酪、德贝奶酪等。混合奶酪是多种不同的奶酪按比例混合在一起，再加入黄油等制成，有些还加入果仁、大蒜、胡椒等制成多味奶酪。这种奶酪质地柔软，涂抹方便，主要用于汉堡、三明治等的调味。依据硬度还可将奶酪分为不同种类：软奶酪，如法国布里奶酪；半软奶酪，如意大利水牛乳奶酪；半硬奶酪，如英国的车达奶酪；硬奶酪，如意大利巴马仙奶酪；蓝奶酪，又称蓝纹奶酪、蓝起司，如意大利歌根梳拉奶酪。

奶酪通常是以牛奶为原料制作的，但是也有山羊、绵羊或水牛奶做的奶酪。奶酪大多呈乳白色或金黄色。奶酪其实是一种具有极高营养价值的乳制品，每千克奶酪制品都是由 10 千克的牛奶浓缩而成，含有丰富的蛋白质、钙、脂肪、磷和维生素等营养成分，是纯天然的食品。

传统的干酪含有丰富的蛋白质、脂肪、维生素 A、钙和磷，现代也有用脱脂牛奶做的低脂肪干酪。奶酪一般应在 5℃左右、相对湿度 88%~90% 的冰箱中冷藏保存，保存时最好用纸包好。

在西饼房西点烘焙中比较常用的奶酪有以下几种：

（1）奶油奶酪（Cream Cheese）。是西饼房最常用到的奶酪，它是将鲜奶经过细菌分解所产生的奶酪及凝乳处理所制成的一种未成熟全脂奶酪，经加工后，其脂肪含量可超过 50%，质地细腻、口味柔和。奶油乳酪在开封后极容易吸收其他味道而腐坏，所以要尽早食用。奶油乳酪是乳酪蛋糕中不可缺少的重要材料。

（2）马士卡彭奶酪（Mascarpone Cheese）。产生于意大利，是一种将新鲜牛奶发酵凝结，继而去除部分水分后所形成的新鲜乳酪，其固形物中乳酪脂肪成分为 80%，软硬程度介于鲜奶油与奶油乳酪之间，带有轻微的甜味及浓郁的口感。马士卡彭奶酪因提拉米苏而著名，是制作提拉米苏的主要材料。

（3）马苏里拉奶酪（Mozzarella Cheese）。又音译为"莫扎里拉奶酪"，是意大利坎帕尼亚和那不勒斯地方产的一种淡味奶酪。真正的马苏里拉奶酪是用水牛奶制作的。

其成品色泽洁白或淡黄，含乳脂 50%，表层有一层很薄的光亮外壳，质地柔软，味道清香，很有弹性，容易切片。它在经过高温烘焙后，会熔化变得相当黏稠，可以拉出很多丝，别的奶酪可没这么好的效果，所以是制作比萨的重要材料。

（4）帕玛森奶酪（Parmesan Cheese）。又叫"帕尔玛地方奶酪"，它是一种意大利硬奶酪，经多年成熟干燥而成，色淡黄，一般超市中有盒装或铁罐装的粉末状帕玛森奶酪出售。该奶酪是依出产地区意大利的艾米利亚—罗马涅的帕尔玛以及艾米利亚命名的。很多喜好奶酪者称该奶酪为奶酪之王。

帕玛森奶酪强烈的水果风味很诱人，除了饱满的奶香味外，还有明显的咸味，香气如同肉桂，咸味像是生蚝里的海水，甜味像是姜汁饼干，是各类极品奶酪完美的结合体。

帕玛森奶酪用途非常广泛，不仅可以擦成碎屑，作为意式面食、汤及其他菜肴的调味品，还能制成精美的甜食。

● 奶油奶酪　　　● 马士卡彭奶酪　　　● 马苏里拉奶酪　　　● 帕玛森奶酪

西方臭豆腐——奶酪

● 蓝纹奶酪

在法国人的餐桌上，绝对少不了奶酪。有人说西方的奶酪，就好比是东方的臭豆腐，迷上它的人爱不释口，回味无穷，不过也有人避之唯恐不及。究竟是什么原因，会让人对之如此爱恨分明呢？

因为牛羊在春夏期间，吃了肥沃的牧草，泌乳量充沛，农家除了加工饮用，会将其制作成各式奶酪，以便储藏过冬。每逢秋季，便是奶酪慢慢成熟转黄的时节。美食专家公认，这时候的奶酪质地最好，口感也最迷人。"对中国人最难的部分，应该就是品味奶酪的香，只要克服嗅觉的障碍，就成功了一半。"奶酪融合了牛乳以及发酵后产生的阿摩尼亚味儿，有人觉得那气味浑然天成，真是人间美食，但也有人不敢苟同。奶酪大师也说，品味奶酪的过程无法速成，总得一步步来，最后总是会让人欲罢不能。其实，真正好品质的奶酪，其丰富的口感、强烈的香气会在口腔和鼻腔之间产生交流共鸣。

39
知识点 烘焙制品的多面手——蛋品原料

蛋品原料
中英对照表

（一）蛋类及蛋品原料基本概述

蛋是人类重要的食品之一，常见的蛋，包括鸡蛋、鸭蛋、鹅蛋、鹌鹑蛋等，它们的营养成分和结构都大致相同，其中以鸡蛋最为普遍。鸡蛋是人类最好的营养来源之一，鸡蛋中含有大量的维生素及铁、钙、钾等人体所需的矿物质，以及有高生物价值的蛋白质。对人而言，鸡蛋的蛋白质品质最佳，仅次于母乳。鸡蛋还富含 DHA 和卵磷脂、卵黄素，对神经系统和身体发育有利，能健脑益智，改善记忆力，并促进肝细胞再生。一个鸡蛋所含的热量相当于半个苹果或半杯牛奶的热量。

购买鸡蛋时，蛋壳完整、表面粗糙的鸡蛋较为新鲜。若将鸡蛋置于冰箱冷藏，应该在制作前先将鸡蛋取出置于室温下再行使用。新鲜的鸡蛋打开后，蛋黄膜不破裂，蛋白与蛋黄界限分明，颜色鲜艳，蛋白浓稠不会散开。

蛋在生产、运送及储存的过程中，如果没有切实做好卫生消毒工作，就会为沙门氏菌、肠炎弧菌、金黄色葡萄球菌及其他细菌滋生、繁殖提供机会，吃了这种被细菌感染的蛋，会出现上吐下泻、腹痛、发烧等食物中毒现象。

鸡蛋是西点中最常用到的原料之一，尤其在花式面包及甜面包中使用频繁，它在改善面包的品质方面有一定的作用。它不仅具有较高的营养价值、良好的味道、美观的色泽，而且有起泡性、乳化性和凝固性，堪称西点不可或缺的好帮手。如制作蛋糕就是利用了鸡蛋的起泡性和蛋黄的乳化作用。鸡蛋还可用于制作沙拉酱（蛋黄酱）、冰激凌等。而鸡蛋布丁则利用了蛋的热凝固性。

蛋的种类较多，大体可分为鲜蛋、冰蛋、蛋粉和加工蛋（咸蛋、松花蛋等），蛋品在面食制作中也用途极广。

（二）蛋类及蛋品原料在西点中的应用

蛋由蛋壳、蛋黄、蛋白和蛋系带等部分所组成，其中，蛋白和蛋黄在成分上有显著不同，所以在西点制作中的应用有所区别。在作为烘焙原料使用中常会将蛋白和蛋黄分开处理，或只用其中的蛋白或蛋黄部分。

蛋粉是由新鲜鸡蛋经清洗、磕蛋、分离、巴氏杀菌、喷雾干燥而制成的，将蛋白和蛋黄分开加工后，蛋白粉和蛋黄粉可适应人的不同需要。

1. 蛋白（Egg White）

蛋白又称"蛋清"，含有一种叫白蛋白的成分，具有清除活性氧的作用，可增强人体免疫力。一般认为，蛋白在受热凝固后食用比生吃时容易消化吸收。原因主要为生蛋清中含有抗胰蛋白酶，影响蛋白质的吸收；且可能因此吃进沙门氏菌、真菌或寄生虫卵，因此不宜生吃蛋。

● 蛋白与蛋黄分离

制作西点时若是需将蛋黄与蛋白分离，一定要分得非常干净，若是蛋白中夹有蛋黄，蛋白就不能打发。打发蛋白要想打得好，一定要用干净的容器，最好是不锈钢的打蛋盆，容器中不能沾油，不能有水。

水煮蛋时，如果加热时间长或使用不够新鲜的蛋，则蛋黄的表面有时会呈现灰色乃至暗绿色。这是因为不新鲜的蛋白呈碱性，在此种状态下长时间加热，蛋白中会产生硫化氢，由蛋白的表面向内部扩散至蛋黄表面，而与蛋黄中的铁反应，生成硫化铁而变色。

2. 蛋黄（Egg Yolk）

蛋黄含有丰富的蛋白质、脂肪、钙、卵磷脂和铁等营养成分。其中，卵磷脂被肠胃吸收之后，可促进血管中胆固醇的排除，有预防动脉粥样硬化的功用。且卵磷脂经消化吸收之后，可生成胆碱，这种物质与脑部的神经传达作用有关，有促进学习、记忆的能力。胆碱还可预防肝脏积存过量脂肪，避免形成脂肪肝，改善肝脏机能。而蛋黄所含的铁质利用率最高，是补血的天然食品。

蛋黄生吃或熟吃关系不大，有的认为生吃好。蛋黄酱的制作就是不把蛋黄加热，且只使用蛋黄部分。

3. 蛋粉（Egg Powder）

蛋粉是由新鲜鸡蛋经清洗、磕蛋、分离、巴氏杀菌、喷雾干燥而制成，产品包括全蛋粉、蛋黄粉、蛋白粉以及高功能性蛋粉。

蛋粉不仅很好地保持了鸡蛋应有的营养成分，而且具有显著的功能性质，还具有使用方便卫生、易于储存和运输等特点，广泛地应用于糕点、肉制品、冰激凌等产品中。蛋白粉具有良好的功能性，如凝胶性、乳化性、保水性等，加入肉制品中可以提高产品质量，延长货架期，并强化产品营养。同样，面制品中加入适量的蛋白粉，可以提高面筋度，增加蛋白质含量，使制品口感更富弹性。

在全蛋粉和蛋白粉、蛋黄粉中加入一定比例的清洁水，可还原成蛋的混合液、蛋白液、蛋黄液，其色泽、口味等均和鲜蛋一样，既可以供人直接食用，又可用作糕点、冷饮等食品的原料，起调味、发酵等作用。

夏季冷饮佳品——冰激凌（Ice cream）

冰激凌的主要原料是水、乳、蛋、甜味料、油脂和其他食品添加剂，包括香料、稳定剂、乳化剂、着色剂等。其中的"乳"可以是鲜奶、奶粉、炼乳、稀奶油和乳清粉等；其中的"蛋"可以是鲜蛋、冰蛋黄、蛋黄粉和全蛋粉。冰激凌的美好口感主要来自其中的蛋白质和磷脂，香气主要来自乳脂肪，甜味来自添加的糖，果味、香草味等来自香精，而各种美丽的颜色都来自色素。它经冷冻加工而成，是夏季冷饮的重要成员。

由于冰激凌味道宜人，细腻滑润，凉甜可口，色泽多样，不仅可帮助人体

● 冰激凌

降温解暑，提供水分，还可为人体补充一些营养，配料中乳和蛋营养价值很高，对人体有一定的保健作用。

40

巧克力原料
中英对照表

知识点 丝滑香浓浪漫的装饰原料——巧克力

词汇
在线

（一）巧克力的作用、生产及分类

巧克力是现代西饼房常见的西点原料，在广东及香港、澳门又译为"朱古力"。它是以可可粉为主要原料制成的一种甜食。它不但口感细腻甜美，而且具有一股浓郁的香气，可以直接食用。在浪漫的情人节，它更是表达爱情少不了的主角。

从可可豆到巧克力需要经过复杂的加工程序。可可豆经发酵、晒干后再经过焙烤，产生独特的香气，然后去皮磨粉。磨粉过程中产生的热量使可可豆中的脂肪熔化，形成油脂状物质，带有苦味，称"可可原浆"。分离其中黄色的"可可脂"（Cocoa Butter）之后，剩下的固体为"可可饼"，经碾磨后称为"可可粉"（Cocoa Powder）。巧克力的主要配料为可可浆、可可脂、乳制品和蔗糖，可可脂是其中最重要的组成部分。可可只在南美洲少许地方及非洲盛产，所以异常珍贵。

通常 1 吨可可豆制不出 500 克可可脂，因此越上等的巧克力所含可可脂比例越高。巧克力可以按所含可可原浆比例大小分类如下。

1. 黑巧克力（Dark Chocolate）

又称为纯巧克力，可可原浆达 70%，至少是 50% 以上（我国销售的巧克力，其可可原浆含量通常仅为 20%，有的甚至更低）。乳质含量少于 12%，富含可可脂，可可香味浓郁。因为牛奶成分少，通常糖类也较低，可可的香味没有被其他味道所掩盖，在口中熔化之后，可可的芳香会在齿间四溢许久。有些人认为，吃黑巧克力才是吃真正的巧克力。不过可可本身并不具有甜味，甚至有些苦。

2. 牛奶巧克力（Milk Chocolate）

牛奶巧克力至少含 10% 的可可浆及至少 12% 的乳质，牛奶及可可的味道并重，适合喜欢香浓奶味的人，不过此种巧克力口感较甜。

3. 白巧克力（White Chocolate）

白巧克力是不含可可粉的巧克力，因为不含有可可粉，仅有可可脂及牛奶，因此为白色。且因只含可可脂和奶粉，因此口感香甜。此种巧克力仅有可可的香味，口感上和一般巧克力不同，也有些人并不将其归类为巧克力。

（二）巧克力的鉴定及保存

评价一种巧克力好不好，最直接的方法是感官评价，即从巧克力的色泽、光亮度、脆度、甜度和丝滑感来进行全方位的判断。但问题在于，当我们去超市买巧克力的时候，看到的只有巧克力的等级高低，而不能真正将巧克力吃到嘴里尝尝滋味。

其实，巧克力的品质在入口的那一瞬间就知道了。好的巧克力除了闻起来芳香甘美之外，入口也细致迷人。咬时会有清脆的响声，随即在口齿间轻巧地熔化。其口感细滑，且可可的芳香在齿间流动，但不会有残渣留下。品尝巧克力时，可千万不要只是大口大口地咬下，或含一含就吞下。

巧克力是非常脆弱、娇贵的产品，巧克力的熔点在 36℃ 左右，是一种热敏性强、不易保存的食品。储存条件很讲究，除了避免阳光照射而发霉外，储存的地方不应有怪味，储存温度应该控制在 12℃~18℃，相对湿度不高于 65%。储存不当会发生软化变形、表面斑白、内部翻砂、串味或香气减少等现象。

打开包装没有用完的巧克力必须再次以保鲜膜密封，置于阴凉、干燥及通风之处，且温度恒定为佳。巧克力酱或馅料必须放入保鲜柜中储存。

代可可脂（Cocoa Butter Replacer）

代可可脂通常指的是植物氢化油脂与可可粉相混合的油脂，通常充当可可脂在制作低档巧克力时使用，可降低成本。由于可可脂与代可可脂的油温沸点不同，因此制作代可可脂类的巧克力要容易很多，而且口感略甜，多吃容易发胖。

巧克力是防治心脏病的天然卫士

巧克力含有丰富的多酚类化合物（抗氧化物质），对保持人体血液畅通起着重要作用，能预防心血管疾病的发生，具有抗氧化功能。在多酚的作用下，能够减少低密度脂蛋白的氧化，调节人体荷尔蒙的平衡，减缓细胞的老化，增加身体的免疫力。营养学家已证明，在水果、蔬菜、红酒及茶叶等植物性食品中，均含有此类天然的抗氧化物质。如草莓，堪称含抗氧化物最多的水果，然而，巧克力的抗氧化物含量比草莓还要高出 8 倍。50 克巧克力与 150 克上等红酒所含抗氧化物量基本一致。

41
知识点 西点常用甜味原料

甜味原料
中英对照表

糖是西点烘焙不可或缺的原料，它不仅增甜味，而且有促进发酵、稳定蛋白的发泡性、焦糖上色、防腐等作用。烘焙所用糖的种类很多，制作面点常用的主要有蔗糖（食糖）、饴糖两大类，此外还有蜂蜜、糖浆等。蔗糖是用甘蔗或甜菜制成的，按色泽区分，可分为红糖、白糖两大类；按形态和加工程度不同，又可分为白砂糖、绵白糖、糖粉、冰糖、方糖、红糖等。饴糖俗称糖稀、米稀，是由粮质类淀粉经过淀粉酶水解制成，其主要成分是麦芽糖和糊精。

词汇在线

（一）蔗糖

1. 白砂糖（White Sugar）

白砂糖是我们最常接触的糖。事实上，白砂糖按照颗粒大小，可以分成许多等级，如粗砂糖、一般砂糖、细砂糖、特细砂糖、幼砂糖等。在烘焙里，制作蛋糕或饼干的时候，通常都使用细砂糖，它更容易融入面团或面糊里。粗砂糖一般用来做糕点饼干的外皮，比如砂糖茶点饼干、蝴蝶酥。其粗糙的颗粒可以增加糕点的质感。粗砂糖还可以用来做糖浆，比如转化糖浆。粗砂糖不适合做曲奇、蛋糕、面包等糕点，因为它不容易溶解，易残留较大的颗粒在制品里。

2. 绵白糖（Soft Sugar）

绵白糖又称"贡白糖"（Frosted Sugar）。顾名思义，是非常绵软的白糖。之所以绵软，是因为其含有少许转化糖，水分含量也较砂糖高。一般来说，绵白糖的纯度不如白砂糖高，且绵白糖的口感比白砂糖要甜，主要是晶体比较细小并含有少量糖蜜的原因。绵白糖的颗粒较细，可以作为细砂糖的替代品。

3. 粗糖粒（Coarse Sugar）

粗糖粒是一种较粗的糖粒，一般常见于面包上的装饰，所以又称为"装饰糖粒"。

4. 糖粉（Icing Sugar）

糖粉指的就是粉末状的白糖。市面上出售的糖粉，为了防止其在保存的过程中结块，一般会掺入 3% 左右的淀粉。根据颗粒粗细不同，糖粉分为许多等级。规格为"10X"的糖粉是最细的，一般用得较多的是 6X 的糖粉。

糖粉的用处很大，可以用来制作曲奇、蛋糕等。因为糖粉颗粒非常细小，很容易与面糊融合，对油脂有很好的乳化作用，能产生很均匀的组织，所以在做曲奇饼干的时候，使用一些糖粉，能让曲奇饼干的外观更加美观，保持清晰的花纹。更多的时候，它用来装饰糕点。在做好的糕点表面筛上一层糖粉，外观会变得漂亮很多。糖粉也用来制作糖霜、乳脂馅料，如制作姜饼屋的时候就会用到蛋白糖霜。

5. 红糖（Brown Sugar）

红糖也称为"红砂糖""黄糖""黑糖"，是将甘蔗榨汁，再作浓缩等简单处理而成。是未经提纯的糖，由蔗糖和糖蜜组成，因为没有经过高度的精炼，红糖几乎保留了甘蔗汁液的全部成分。红糖除了含有主要成分蔗糖外，还含有维生素和多种微量元素，如维生素 A（即胡萝卜素）、维生素 B_1、维生素 B_2、核黄素以及铁、锌、锰、铬等。

红糖并不像白砂糖那样干爽、颗颗分明，不同品种的红糖颜色深浅不一，颜色越深的，含有越多的杂质。红糖的风味特别，所以经常用来制作一些具有独特风味的糕点，比如燕麦葡萄饼干等。

● 白砂糖　　　　　● 绵白糖

● 粗糖粒　　　　　● 糖粉　　　　　● 红糖

词汇在线

（二）液态糖

1. 饴糖（Malt Sugar）

饴糖又称"麦芽糖""糖稀"，是以高粱、米、大麦、粟、玉米等淀粉质的粮食为原料，经发酵糖化制成的食品，其状似蜂蜜。饴糖中含有葡萄糖、麦芽糖、糊精等，在面点的制作中可起到甜爽、黏合、上色、增香等作用。如做烧饼时，在入炉烤之前刷上饴糖，烤出来的烧饼颜色会非常好看，香气更加诱人。

2. 蜂蜜（Honey）

蜂蜜是蜜蜂采花酿成，通常是透明或半透明的黏性液体，带有花香味。蜂蜜是一种天然的营养剂，含有维生素 B、维生素 C，以及铁、钾、铅、钙等矿物质，而其主要的营养成分，是可以燃烧人体能量的糖分。由于蜂蜜具有杀菌、解毒、润肠的功效，有助于人体内的废物排出，燃烧多余的脂肪，改善全身的新陈代谢。一般多用于特色糕点中。

3. 葡萄糖浆（Glucose Syrup）

葡萄糖浆也称淀粉糖浆、液体葡萄糖等，俗称化学糖稀，主要成分是葡萄糖。它是白砂糖或绵白糖加适量的水、饴糖、蜂蜜等，经加热熬成的黏性液体。按熬制的程度不同，可分为亮浆、砂浆、沾浆和稀浆 4 种。

4. 枫糖浆（Maple Syrup）

枫糖浆为加拿大特产，取自枫树皮，口味浓郁，甜度非常高，适用于松饼（Muffin）（又叫玛芬蛋糕）的制作和蛋糕蘸酱。

● 饴糖　　　　● 蜂蜜　　　　● 葡萄糖浆　　　　● 枫糖浆

（三）果酱（Jam）

词汇在线

果酱，音译名"果占"，又称"果膏"，泛指用水果、糖、胶体、酸度调节剂做成的一种软质固体食品。制作果酱是长时间保存水果的一种方法。

1. 果粒果酱

果粒果酱就是在果酱的基础上，将所用的水果切成果粒或者打成粗浆，最后做出的成品中有块状的水果，赋予了果酱不均匀的质感和不一致的口感。主要用来做面包夹心和涂抹于面包或吐司上，又称"烘焙果酱"，营养价值较高。果粒果酱品种较多，有冰粥果粒酱、酸奶果粒酱、果肉馅，用途不同，黏度和 pH 值各有不同要求。

2. 果膏

果膏又称"涂抹果膏"，一般用来在蛋糕上涂抹、做蛋糕表面装饰用。果膏要求有高硬度和光滑的表面，黏度低、脆性大，所以目前果膏主要用淀粉和水果甚至色素制成，营养价值不高。

3. 果占

果占又称"裱花果占"，为酱状液体，颜色鲜艳，多用来在蛋糕上写字，因为黏合性大，也可以在盘中拉线、作画，当盘饰。主要由色素和胶体制成，营养价值低。

柠檬味　苹果味　香橙味
巧克力味　蓝莓味　草莓味
菠萝味　哈密瓜味　奶味酱

● 果酱　　● 果占　　● 果膏

教你轻松学会运用糖粉与糖霜

● 糖粉西饼

● 糖霜西饼

糖粉和糖霜都是西饼制作中常用的糖饰之一，颜色洁白，是蛋糕及其他烘焙食物的甜味外衣。

糖粉是面粉状的糖或者磨碎的砂糖再加一定比例的玉米淀粉做成的干性粉末；蛋白糖霜是用蛋白粉加柠檬汁等打发而成，为湿性。

糖粉更多地用于成品糕点表面的装饰，可以撒在蛋糕、饼干等有花形的曲奇等糕点的表面。

蛋白糖霜是糖浆结晶而成的光滑的乳白色糖饰制品，它有一定黏性，在制作姜饼人、姜饼屋时与糯糊的作用一样，一般还可用于制作拿破仑酥点、指状酥饼、糖霜小蛋糕和一些蛋糕的糖衣。蛋白糖霜可在蛋糕表面形成光亮的不沾手的涂层。若在蛋白糖霜里加上色素，就是彩色糖霜了。

42
知识点 西点常用烘焙油脂

烘焙油脂类原料
中英对照表

（一）焙烘油脂的作用及分类

油脂是烘焙业最常用的辅料之一。面包、蛋糕、饼干、曲奇、派皮类、油炸甜甜圈等经过烘焙加工制得的食品的专用油脂称为焙烘油脂。专用烘焙油脂在烘焙中占有举足轻重的地位，它在烘焙产品制作中具有非常独特的功能。如影响烘焙产品的柔软性和酥性；增加产品体积；增加蛋糕面糊的稳定性；延长产品的保存期以及增加营养等。其主要用于奶油蛋糕、水果蛋糕、派皮、小西饼等西点等，能更好地提供诱人的色、香、味和口感。

烘焙油脂一般按来源分类如下。

1. 天然油脂

动物油脂如猪油（又称大油）、黄油（奶油）和牛羊油等；植物油如芝麻油（香油）、花生油、豆油、玉米油、葵花籽油、菜籽油、椰子油、棉籽油等。

2. 人造油脂

人造油脂的成分为植物氢化油脂，如人造黄油（植物黄油）、白油、起酥油等。

（二）西点常用油脂品种

1. 起酥油（Shortening）

起酥油是以英文"Shorten"（使变脆的意思）一词转化而来的，意思是用这种油脂加工饼干等食品，可使制品酥脆易碎。起酥油具有可塑性、起酥性、乳化性等加工性能。最初，起酥油就指猪油、黄油。后来，用氢化植物油或少数其他动植物油脂制成的起酥油消费量大大增加。起酥油一般不宜直接食用，而是用来加工糕点、面包或煎炸食品，用作糕点的配料、表面喷涂或脱模等。它可以用来酥化或软化烘焙食品，使蛋白质及碳水化合物在加工过程中不致坚硬而又连成块状，从而改善口感。根据用途和功能，有面包用、糕点用、糖霜用和煎炸用起酥油。起酥油和人造黄油外表有些近似，但人造黄油是餐桌用油，可直接食用，含有较多添加剂（色素、风味剂等）；起酥油一般不直接食用。

2. 猪油（Lard）

猪油是从猪的脂肪中提炼得到的动物性油脂，多用于中式点心及西点中派和塔的制作上。如欲改用植物性油脂，可用白油来取代。

3. 牛油（Beef Tallow）

牛油为牛科动物黄牛或水牛的脂肪油，为白色固体或半固体状。优质的牛油凝固后为淡黄色或黄色。如呈淡绿色则品质较次。在常温下呈硬块状。牛油的熔点高于人体的体温，不宜被人体消化吸收，亦不适于长期食用，在烹调中使用很少。新鲜的牛脂油经过精制提炼后，可供制作糕品和烹饪时酥化之用。

4. 白油（White Oil）

白油俗称"化学猪油""氢化油"。系油脂经油厂加工脱臭脱色后再予不同程度的氢化，使之呈固态白色的油脂，多数用于酥饼的制作或代替猪油使用。

5. 人造黄油（Pastry Margarine）

人造黄油又称"植物黄油"，一般用价格低廉的棕榈油、大豆油或菜籽油来制作，成本低。给人造黄油加入少量黄油香精和胡萝卜素之后，几乎与天然黄油相差无几。由于它的成本较低，供应充足，因此在点心糖果行业中比真正的黄油更受生产商的欢迎。所谓奶油蛋糕、奶油面包、奶油糖当中，实际上大多加的是人造黄油。依其使用范围亦可分为烘焙用、餐用、松饼用等人造黄油。在西方的烹调业当中也有广泛应用，用它煎炸的食品色泽好、更酥脆，因此美味的抛饼、炸薯条、美式快餐等也要用大量的人造黄油来制作。

氢化植物油

氢化植物油是普通植物油在一定温度和压力下加氢催化的产物，经过氢化之后，流动性变差，成为类似于黄油的半固体状。因为它不但能延长食品保质期，还能让糕点更酥脆，同时，由于熔点高，室温下能保持固体形状，因此广泛用于食品加工中。

● 起酥油　　　　● 猪油　　　　● 黄油

● 白油　　　　● 人造黄油

"反式脂肪酸"与心血管疾病

植物油的氢化、精炼及高温过程会产生反式脂肪酸。研究表明，长期过多摄入反式脂肪酸，会增加心血管疾病的风险。因此，消费者购买包装食品时，就要多留意标签上的营养成分表。氢化油脂在食品标签配料表中常见的表述形式包括氢化植物油、氢化棕榈油、氢化大豆油、植物起酥油、人造奶油、奶精、植脂末等。可以选择不含反式脂肪酸或

● 反式脂肪酸

反式脂肪酸含量较低的食品。特别是威化饼干、夹心饼干、奶油蛋糕、派等不要每天都吃。

43
知识点 西点常用添加剂

西点常用添加剂原料
中英对照表

在制作面包、蛋糕的过程中，我们常常会看到一些用量不太大的属于添加剂的原料，这些添加剂有的是为了增加成品的口感，像泡打粉、面包改良剂；有的是为了增加成品的风味，像可可粉、绿茶粉等。总之，食品添加剂是为改善食品色、香、味等品质，以及为防腐和加工工艺的需要而加入食品中的化合物质或者天然物质。

词汇在线

（一）膨松剂

膨松剂是调制发酵面团的重要物料。在面团中引入膨松剂，可使面团组织膨松胀大，使制品体积增大、口感暄软。在制作面包时，膨松剂的质量直接影响到面包的整个制作过程及面包的品质，选择不当，会使整个制作完全失败。

膨松剂的种类较多，大体可分为生物膨松剂（如酵母、面肥等）和化学膨松剂两大类。化学膨松剂通称发粉，如小苏打、氨粉、泡打粉。

1. 干酵母（Yeast）

干酵母音译名"伊士"。这类酵母是随着生产的要求、时代的演变、生物工程及机械工程的进步，挑选及培育出的表现更佳的品种，经更现代化的低温干燥而呈粉状。虽然酵母为干燥物，但遇空气能将其氧化，所以需要密封避光包装，如真空包装，一般冷藏保存。干酵母有特殊的香气，主要用于制作面包。在温热环境下发育较快，但过高的温度会烫死菌种，一般以40℃为宜。

2. 面肥（Old Dough）

面肥又称"老面""酵头"，即含有酵母的种面。使用面肥发酵，是面点制作中发酵面点的传统方法。面肥内除含有酵母外，还含有较多的醋酸菌等杂菌，在发酵过程中，杂菌繁殖产生酸味。所以，采用面肥发酵的方法，发酵后必须加碱进行中和。

3. 泡打粉（Baking Powder）

泡打粉又称"发酵粉"，成分是小苏打、酸性盐、中性填充物（淀粉）。泡打粉的作用是使产品膨大，改善产品组织颗粒及每一个气室的组织，防止气室互相粘连，使蛋糕组织有弹性，增加面糊蛋白质的韧性，让蛋糕组织更加细密。酸性盐分有强酸和弱酸两种：强酸——快速发粉遇水就发；弱酸——慢速发粉遇热才发。混合发粉即双效泡打粉最适合蛋糕用，遇水或者加热均会分解，因此制作时先不加水，混合干粉后，加液体迅速搅拌。

4. 小苏打（Baking Soda）

小苏打又称"碱粉"，化学名为"碳酸氢钠"。呈细白粉末状，遇水和热（65℃就会分解）或与其他酸性中和，可释放出二氧化碳，呈碱性。一般用于酸性较重的蛋糕及小西饼中，尤其在巧克力饼干和曲奇中使用，可酸碱中和，使产品颜色较深，让成品膨松、酥脆。

5. 臭粉（Ammonia）

臭粉英译名"阿摩尼亚"，化学名为"碳酸氢铵"，又称"氨粉"。碳酸氢铵遇热会产生氨气，膨胀，有氨臭味，一般用在油炸品中，也可用在需膨松较大的西饼中，制作面包蛋糕时几乎不用它。奶油空心饼（即泡芙）使用的化学膨大剂就是臭粉。

● 干酵母

● 面肥

● 泡打粉

● 小苏打

● 臭粉

（二）凝固剂（胶冻剂）

词汇在线

凝固剂分植物型和动物型两种，植物型凝固剂又称植物凝胶，是由天然海藻中的提取物制成的无色无味的食用胶粉；动物型的是由动物皮骨熬制成的有机化合物，呈无色或淡黄色的半透明颗粒、薄片或粉末状。多用于鲜果点心的保鲜、装饰及胶冻类的甜食制品制作中。

1. 明胶（Gelatin）

明胶音译名"吉利丁"，也称"鱼胶"，属于动物胶，是从动物的骨骼（多为牛骨或鱼骨）中提炼出来的蛋白质胶质，可制成粉状，也可制成片状，分别为鱼胶粉和鱼胶片。需用 4~5 倍冷水浸泡吸水软化后再隔水化开使用，常用于冷冻西点、慕斯蛋糕类的胶冻之用。

2. 冻粉（Agar）

冻粉又称"琼脂""洋菜"，是由海藻类的石花菜所提炼制成，是黄白色透明的薄片或粉末，可吸收 20 倍的水，需在热水中加热后使用，当温度降至 40℃以下后会凝结胶体。做出的成品口感较脆硬且不透明，放置在室温下不会熔化。其含有丰富的膳食纤维（含量为 80.9%），蛋白质含量高，热量低，常用在一些中式冻类甜点中，又有"植物性吉利丁"之称。吉利丁需要比洋菜更低的温度才能完全凝固，而洋菜做出来的点心口感较硬脆，所以西点中比较常用吉利丁。

3. 啫喱粉（Jelly）

啫喱粉音译名"结力""吉力"，又称"果冻粉"。本类产品的胶冻原料是动物胶及海藻类食用明胶制品。在常用的原料鱼胶粉和琼脂中加入果汁、水果、糖等调味及调色原料，就可调配成啫喱粉。啫喱粉是制作啫喱（果冻）的必用原料之一，也用于制作布丁（Pudding）和慕斯（Mousse）等西点。啫喱粉不仅是制作果冻的主料，人们还利用它良好的稳定性能，将其煮成啫喱水，加到果占内，还可以装饰生日蛋糕，抹在弧形的蛋糕上面非常美观。

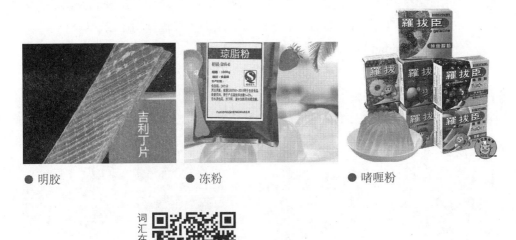

● 明胶　　　　　　● 冻粉　　　　　　● 啫喱粉

（三）着色剂

着色剂（Artificial Food Coloring），又称"食用色素"，是改善面点制品色泽的辅料。可以分为人工合成色素和天然食用色素两大类。

1. 人工合成色素（Synthetic food colors）

我国规定，在人工合成色素中，目前只准使用胭脂红、柠檬黄、亮蓝和靛蓝四种，且使用量为万分之一以内。

2. 天然食用色素（Natural food colors）

制作面点时常用天然食用色素着色。天然食用色素是直接从动植物组织及微生物中提取的色素，一般来说对人体无害，如红曲、叶绿素、姜黄素、胡萝卜素、苋菜和糖色等就是其中的一部分。目前，开发研制天然食用色素、利用天然食用色素代替人工合成色素已经成为食品行业的发展趋势。例如：将菠菜叶捣烂、挤汁，再加少许石灰水使其澄清后和入面团，制出的成品色泽青翠，带有清香；用苋菜叶（红色）捣汁和入面团，则可成红色；将南瓜去皮蒸烂后掺入干粉中揉制，可制成橙黄色和黄色且带有甜味的成品。还可利用可可、咖啡等食品本色，或利用微生物着色剂（如红曲、栀子黄）等来美化西点。

3. 可可粉（Cocoa Powder）

可可粉是经清杂、焙炒、脱壳、磨浆、压榨、制粉等工序精制而成，香味纯正，粉质细腻，无杂质、无焦粒，可用于高档巧克力、冰激凌、糖果、糕点及其他含可可的食品制作中。主要作用为调色或增香。天然可可粉其颜色应该是浅棕色，棕色甚至是深棕色的天然可可粉里面肯定是加了其他食用色素。

4. 焦糖（Caramel）

焦糖又称焦糖色，俗称酱色，是用饴糖、蔗糖等熬成的黏稠液体或粉末，为深褐色，有苦味，主要用于酱油、糖果、醋、啤酒等的着色。焦糖是一种在食品中应用范围十分广泛的天然着色剂，是食品添加剂中的重要一员。

● 人工色素　　● 天然色素　　● 可可粉　　● 焦糖

词汇在线

（四）食用香精

香精（Essence），又称香料，是用多种香料调和而成，应用广泛，如香草精、可可粉、肉桂粉、香味甜酒等都属于此类。其目的是增加西点迷人的口感和香味。香料包括天然香料和合成香料。天然香料对人体无害，合成香料的用量则不能超过 0.15%~0.25%。

如香草豆荚（Vinilla Bean）是西点中最常用的天然香料。但由于香草豆荚非常昂贵，所以我们吃的西点中通常都采用化学合成的香草精油，味道类似于香草豆荚香味的添加剂。人工合成的味道当然和天然的香草豆荚是无法比拟的。

● 食用香精

（五）蛋糕制作常用的添加剂（如酸味剂、乳化剂）

词汇在线

1. 塔塔粉（Cream of Tartar）

塔塔粉是一种酸性的白色粉末，其在制作蛋糕时的主要用途是帮助蛋白打发以及中和蛋白的碱性。因为蛋白的碱性很强，而且蛋储存得愈久，蛋白的碱性就愈强，而用大量蛋白制作的食物都有碱味且带黄色，加了塔塔粉不但可中和碱味，颜色也会较雪白。如果没有塔塔粉，也可以用一些酸性原料如柠檬汁、橘子汁或者白醋来代替，但是要酌情使用，因为这些果汁的酸度不一。一般说来，一茶匙塔塔粉可用一大匙柠檬汁或白醋代替，但要减少约 10 克蛋白用量。使用白醋无须担心有醋味，和蛋白的碱性中和及在烘焙后这些味道是感觉不出来的。

2. 蛋糕油（Sponge Cake）

蛋糕油，又称"蛋糕乳化剂"或"蛋糕起泡剂"，可帮助油、水在搅拌过程中更好地融合、乳化，不会油水分离，还可使面糊比重降低，蛋糕品质得到改善。蛋糕油并非什么营养原料，只是一种毒性较小、相对比较安全的食品添加剂。传统蛋糕制作中存在着制作时间长、组织粗糙、泡沫稳定性差、出品率低和保质期短等缺点。使用蛋糕油以后，由于蛋糕油中的乳化剂可以在泡沫的单一蛋白质膜外紧密排列形成保护膜，对泡沫的保护作用较强。使用蛋糕油后，蛋糕制作出现了革命性的变化。

　　SP 蛋糕油是近年来用于生产制作中高档蛋糕的高档蛋糕油，这种蛋糕油将制作海绵蛋糕的时间更加缩短，且成品外观和组织更加漂亮和均匀细腻，入口更润滑。在西式糕点行业中，蛋糕油主要被用于同鸡蛋、面粉、水一起搅拌，制成蛋糕，也可同植物油、水、奶粉一起制成人造"鲜奶油"。

● 塔塔粉

● 蛋糕油

（六）西点常用的复合添加剂

词汇在线

1. 吉士粉（Custard Powder）

　　吉士粉译名为"卡士达粉"，是由疏松剂、稳定剂、食用香精、食用色素、奶粉、淀粉和填充剂组合而成的一种香料粉，呈粉末状，浅黄色或浅橙黄色，具有浓郁的奶香味和果香味。吉士粉为一种预拌粉，是厂商事先加工处理好，只要加入少量的液体（一般为水或牛奶）搅拌即可还原为浓稠的卡士达酱。

　　吉士粉原在西餐中主要用于制作糕点和布丁，后来通过香港厨师引进，才用于中式烹调中。吉士粉易溶化，适用于软、香、滑的冷热甜点中（如蛋糕、蛋卷、包馅、面包、蛋塔等糕点中），主要取其特殊的香气和味道，是一种较理想的食品香料粉。

2. 面包改良剂（Bread Improver）

　　面包改良剂一般是由乳化剂、氧化剂、酶制剂、无机盐和填充剂等组成的复配型食品添加剂，用于面包制作中可促进面包柔软、增加面包的烘烤弹性，并能有效延缓面包老化。在使用面包改良剂时要注意掌握使用成分和量，因为其中的成分如"溴酸钾"属于健康违禁用品。1992年，世界卫生组织确认溴酸钾为一种致癌物质，不宜加在面粉和面包中。除了溴酸钾外，有的改良剂还用了增白剂、超软粉，过量使用它们并不利于人体健康。

● 吉士粉

● 面包改良剂

添加剂并非食品安全罪魁祸首

前些年，食品安全一直处于风口浪尖，瘦肉精、染色馒头、塑化剂等事件的频频曝光，更是让各类食品添加剂成了众矢之的。像明矾油条、漂白粉馒头、大头婴儿毒奶粉、地沟食用油、福尔马林鸡爪等，这些化学物质从未被批准添加到食品中，不属于食品添加剂，却成为食品的主角。而回到使用食品添加剂的初衷，其本意是让食品更安全，改善品质，延长保存期。

● 含添加剂的食品

"没有食品添加剂就没有现代食品工业。"这是食品行业专家经常说的一句话。在专家们看来，食品添加剂广泛存在于啤酒、蛋糕、冰激凌等各类食品中，用来改善色香味等指标，普通人每天可能吃进肚子的食品添加剂多达几十种。

模块12在线练习

模块 13
西餐冷厨房常用原料

自助餐品牌餐饮文化

自助餐（Buffet），音译名叫作"布菲"，正规的解释叫作冷餐会或者冷酒

会。冷餐会的特点以冷菜为主、热菜为辅，菜点丰富多彩。为了显示主人的好客和富有，冷餐菜肴可达20~40种。冷菜是西餐中的一大类菜，西餐的第一道菜称为开胃菜，也大多为冷菜。冷菜突出酸、咸、辛、辣或者烟熏味，做工精细、装饰美观，讲究拼摆艺术和造型，可增强食欲，是佐酒、冷餐会或旅游野餐的佳品。

● 自助餐

以前，人们吃自助餐是为了新鲜和口味，如今，人们更追求服务和品牌。创建独具特色的"自助餐品牌餐饮文化"将是取胜之道。

 想一想

（1）你吃过西式自助餐吗？请回忆并说出所吃的自助餐中印象深刻的菜点。

（2）你了解中餐冷厨房吗？请谈谈中餐冷厨房的主要出品，它与西餐冷厨房出品有何差异？

西餐冷厨房又叫冷房，相当于中餐的冷菜间。主要负责向各个餐厅提供各式冷菜食品。冷菜是西餐中的一大类菜，使用的原料广泛，各种蔬菜、水果、熟肉都可用来制作冷菜。

冷菜通常包括沙拉类、胶冻类、各种冷肉、西式泡菜类等，如西式的各种沙拉及沙拉酱汁、果盘、冷少司及冷调味汁、各色开胃菜、各种西式冷肉切盘、三明治等。有些冷房会自己做些肉批、鹅肝酱之类的食品。冷厨房的常用原料多为可生食、颜色鲜艳、口味酸甜爽口的蔬果类及制品，肉肠及肉制品罐头等，橄榄油、色拉油及各色酒类等调味品。

44
知识点 **西餐冷厨房常用油脂及调味原料**

冷厨房油脂及调味原料
中英对照表

（一）西餐冷厨房常用油脂

词汇在线

1. 色拉油（Salad Oil）

色拉油音译名"沙拉油""沙律油"，是植物油经过脱酸、脱杂、脱磷、脱色和脱臭五道工艺精炼而成的食用油，色泽澄清透亮，气味新鲜清淡，加热时不变色，无泡沫，很少有油烟，不含黄曲霉素和胆固醇，富含维生素 E 及高度不饱和脂肪酸。在 0℃条件下冷藏 5.5 小时仍能保持澄清透明（花生色拉油除外），保质期一般为 6 个月。目前市场上供应的色拉油有大豆色拉油、菜籽色拉油、葵花籽色拉油和米糠色拉油等。可以直接用于凉拌、制沙拉酱等。

● 色拉油

2. 橄榄（Olive）与橄榄油（Olive oil）

橄榄，又名"青果"，一般有黑橄榄和绿橄榄之分。市场上出售的橄榄大都是腌制品。腌制的目的是消除橄榄的苦味和涩味。黑橄榄并非加工制造的颜色，而是橄榄在树上成熟、待自然变色后摘取下来，撒上盐巴去除涩味并使其脱水，当表皮产生皱褶、果肉呈深褐色便可。绿橄榄是盐渍的未成熟果实。橄榄在西餐厨师烹调中常用作开胃菜，做餐前小吃、沙拉提味等。

● 橄榄与橄榄油

橄榄油是由新鲜的油橄榄果实直接冷榨，通过物理冷压榨工艺提取的天然果油汁。其色泽呈浅黄色，不经加热和化学处理，保留了天然营养成分。橄榄油被认为是最适合人体健康的一种食用油。

橄榄油在地中海沿岸国家如希腊、西班牙、意大利、葡萄牙等国多产，有几千年的历史，在西方被誉为"液体黄金""植物油皇后""地中海甘露"，有极佳的天然保健、美容功效，也是最理想的凉拌及烹饪油脂。

橄榄油带有橄榄果的清香，特别适合制作沙拉和凉拌菜，也可做冷酱料如各种蛋黄酱，还可直接涂抹于面包或直接饮用。用橄榄油拌和的食物色泽鲜亮，口感滑爽，气味清香，有着浓郁的地中海风味。

（二）西餐冷厨房常用的调味原料——醋类

西厨房中常用的醋品种繁多，主要有葡萄酒醋、意大利香脂醋（黑醋）、苹果醋及其他酒类醋（如香槟酒醋、雪利酒醋），还有添加香草特色的香醋等。另外也有少量使用醋精或用醋精配制的白醋。醋精是用冰醋酸加水稀释而成，醋酸含量高达 30%，口味纯酸，无香味，使用时应控制用量或加水稀释；白醋是醋精加水稀释而成，醋酸含量不超过 6%，其风格特点与醋精相似。

1. 葡萄酒醋（Wine Vinegar）

葡萄酒醋是以葡萄酒为原料，以醋酸菌进行天然发酵而成，是果醋的一种。它有怡人的果香，含有丰富的氨基酸及对人体有益的微量元素，还有少量的果糖，用来调配菜肴有很好的口感。主要有红葡萄酒醋和白葡萄酒醋两种。

（1）红葡萄酒醋（Red Wine Vinegar）。红葡萄酒醋在西式餐桌上多用于沙拉、烤肉酱、腌牛排等，能使肉质柔软鲜嫩。同时，由于红葡萄酒醋味道强烈，也用在调制浓郁的酱汁上，如以少许的红葡萄酒醋与肉类、肉酱或番茄等一起入锅，可增添美味，调和出平衡的味道。

（2）白葡萄酒醋（White Wine Vinegar）。白葡萄酒醋以葡萄酒为原料，以醋酸菌进行天然发酵而制成，是果醋的一种，有怡人的果香，含有丰富的氨基酸及对人体有益的微量元素，还有少量的果糖，用来调配菜肴有很好的口感。它是调制带酸味菜肴的优质调料，主要是冷厨做沙拉用，尤其用来做法国汁、油醋汁、蛋黄酱等。

2. 意大利香脂醋——黑醋（Balsamico Vinegar）

"Balsamico"，意大利语是"带有芳香"的意思，颜色为非常深的茶黑色。黑醋也称"黑葡萄醋"，是将多种坚果加到煮过的意大利葡萄汁液中浸泡，进而酿造出香醇独特的葡萄酒醋，并且经过数年的桶内陈化成熟而成。传统的黑葡萄醋最低熟制时间为12年，所用原料葡萄的种类在法律上有严格标准。意大利黑醋使葡萄的果香融入木的香气，形成独特的风味，素有"黑色黄金"之称，适用于调制搭配海鲜、肉类等料理的调味酱料，也可和香料、橄榄油调制成沙拉酱等酱汁。

3. 苹果醋（Apple Cider Vinegar）

苹果醋是苹果汁经发酵而成的苹果原醋，采用二次发酵（液态发酵）而成，以浓缩苹果汁或者鲜苹果汁为原料，先发酵成高纯度苹果酒，然后接入醋酸菌种，进行醋酸发酵，把酒精代谢为醋酸。苹果醋含有果胶、维生素、矿物质及酵素，其酸性成分能杀灭病菌，增强人体的免疫和抗病毒能力，改善消化系统。苹果醋在西餐烹调中可用来调制酱汁、沙拉或料理时调味。

● 红葡萄酒醋　　● 白葡萄酒醋　　● 意大利黑醋　　● 苹果醋

词汇在线

（三）西餐冷厨房常用的调味原料——酱类

1. 辣酱油（Chili Sauce）

辣酱油又称"李派林汁"，是西餐中广泛使用的调味品，19世纪初传入中国，因其色泽风味与酱油接近，所以习惯上称为"辣酱油"。以英国产的李派林辣酱油、乌斯特辣酱油较为著名，使用很普遍。比较而言，中国酱油是酿制的，而西式辣酱油是配制的，配方很有讲究。辣酱油的主要成分有海带、番茄、辣椒、洋葱、芹菜、辣根、生姜、大蒜、砂糖、盐、胡椒、陈皮、豆蔻、丁香、大茴香、糖色、冰糖等近 30 种原辅料，经科学方法加热熬煮、过滤制成，优质的辣酱油为深棕色流体，无杂质及沉淀物，口味浓香，具有酸、辣、鲜混合风味。

2. 法式芥末酱（Mustard Sauce）

法式芥末酱的口味因其添加的香料如蜂蜜、葡萄酒、水果等而有所不同，有细腻膏状与带籽粗末状两种，适合搭配沙拉、牛排、猪蹄、烤肉、香肠及调制马乃司少司等。不同于日本芥末的"呛"，法式芥末酱带点微酸的滋味，有辣味与不辣带酸味两大类，其种类繁多，在法国就有一百多种。在法国，沙拉酱汁中一定会加入芥末调味，最常见的是直接当作蘸酱，佐食油炸食物非常适合。

3. 番茄酱（Tomato Paste）和番茄汁（Tomato Sauce）

番茄酱是鲜番茄的酱状浓缩制品，颜色赤红，较酸，具有浓郁的番茄风味。番茄酱一般是用来调味和增加菜肴的艳丽色彩，各式西菜都普遍使用，是西餐的重要调料之一。

番茄酱含有大量有机酸，可刺激食欲，帮助消化，尤其在蔬菜淡季，更是调剂饮食的佳品。罐头番茄酱开罐后就不宜在原罐中保存，以免氧化，可加同等体积的清水，并加适量的糖，用油在微火上加热至油色深红，然后存放起来，随时食用。这样处理可使番茄酱色味俱佳，也易保存。

番茄酱常用作鱼、肉等食物的烹饪作料，如做罗宋汤（也叫俄式牛肉汤），放的就是番茄酱，它是增色、添酸、助鲜、郁香的调味佳品。

番茄汁则是番茄酱加糖、食盐等调味料在色拉油里炒熟而成，里面有很多的调料。番茄汁是番茄酱经进一步加工制成的调味汁，大都是瓶装，呈稀糊状，色深红，味道酸甜适口，可直接入口，也可用于调味，主要用来生吃，佐餐用。

番茄酱说白了就是酱稠味酸，多用于西式热菜；而番茄汁汁稀味甜，为西冷厨房常用。

4. 水瓜柳（Capers）

水瓜柳又称"水瓜钮""酸豆"，原产于地中海沿岸及西班牙等地，为蔷薇科常绿灌木，其果实酸而涩，可用于调味。目前市场上供应的多为瓶装腌制品。水瓜柳常用于鞑靼牛排、海鲜类菜肴以及沙拉等开胃小吃的调味中。

● 辣酱油

● 法式芥末酱

● 番茄酱

● 水瓜柳

橄榄油适合炒菜吗?

　　由于橄榄油很有营养，因此许多人把它当作常规烹饪用油，比如用来炒菜。但是，用来炒菜的话，橄榄油并不比其他常见植物油有多少优势。"好的橄榄油"应该是冷榨未精炼的，此时它含有的营养成分如多酚化合物等抗氧化剂比较多，高温加热后，多酚化合物就纷纷壮烈牺牲了。用"高级橄榄油"炒菜，就如同用茅台做料酒、用极品龙井煮茶叶蛋一样！

　　课后走进超市，调查市场中橄榄油的主要产地、分类级别以及对应的价格。

45
知识点 **西餐冷厨房常用水果类原料**

冷厨房水果类原料
中英对照表

（一）常用的仁果类水果

词汇在线

　　仁果类水果就是含有果仁的水果。仁果的果实中心有薄壁构成的若干种子室，室内含有种仁。可食部分为果皮、果肉。仁果类水果包括苹果、梨、山楂、枇杷等。

1. 苹果与蛇果

苹果（Apple）是蔷薇科苹果属植物的果实，品种数以千计，各类品种的颜色、大小、香味、光滑度等均有差别。其中有红富士、皇家嘎拉、金冠、红星（又名红元帅）等优良品种。苹果富含粗纤维，可促进肠胃蠕动，协助人体顺利排出废物。

蛇果，原名叫"Red delicious apple"（可口的红苹果），香港人翻译为红地厘

● 苹果

● 蛇果

蛇果，简称为蛇果。原产于美国的加利福尼亚州，也可算是红元帅的变种，是世界主要栽培品种之一。蛇果果色浓红，果形端正，高桩，萼部五棱明显，果肉黄白色，肉质脆，质中粗，较脆，果汁多，味甜，有浓郁的芳香，品质上等。蛇果是苹果中抗氧化剂活性最强的品种，比普通苹果维生素 C 含量高。从价格比较来看，进口水果的价格比国产水果价格要高出 2~3 倍，在我国东北、华北、华东、西北和四川、云南等地均有栽培。

苹果除生食外，烹食方法也很多，常用作点心馅，如苹果派，它可能是最早的美式甜食。炸苹果常与香肠、猪排等菜肴同食，如烤苹果猪排等。苹果在西餐冷厨房中常用于制作沙拉、各种果酱、甜品等。

2. 梨与啤梨（Pear）

我国是梨属植物中心的发源地之一，亚洲梨属的梨大都源于亚洲东部，日本和朝鲜也是亚洲梨的原始产地。中国国内栽培的白梨、砂梨、秋子梨都原产中国。梨果供鲜食，肉脆多汁，酸甜可口，风味芳香优美。富含糖、蛋白质、脂肪、碳水化合物及多种维生素，对保持人体健康

● 梨

有重要作用，可助消化、润肺清心、消痰止咳、退热、解毒疮，还有利尿、润便功效。梨可以加工制作成梨干、梨脯、梨膏、梨汁、梨罐头等，也可用来酿酒、制醋。

● 红啤梨

啤梨是粤语对梨的英文"pear"的译音，属于西洋梨的一种，分为青啤梨和红啤梨，其外形及风味与国产梨不同。外形有点像葫芦，含糖量高。吃啤梨要坚持"吃软不吃硬"，握在手上有软软的感觉时，是啤梨味道的最佳时期。啤梨甜蜜绵软，肉质细嫩，清凉多汁，芳香四溢，入口即化。啤梨除了有梨的特殊香味外，更兼具了苹果和桃子的芬芳，有着蜜糖般的甜美，它也因此成了水果中的新贵。啤梨吃起来比较软甜，非常适合小宝宝食用。

青啤梨的代表如比利时啤梨，其果皮较厚，果面光滑有光泽，呈锈褐色，果核小，可食度高，果柄较长；美国是红啤梨的生产大国，其果色红艳，形状很可爱，果体硬度好，肉质细嫩，口感甜，果汁很多，清甜的味道非常适合大众口味，含糖量高于普通梨子，是梨中的贵族。

● 青啤梨

啤梨营养价值极高，碳水化合物、维生素和多种矿物质含量丰富，其中，β-胡萝卜素，维生素 B_1、维生素 B_2，维生素 C 及苹果酸等含量高。它还含有大量果胶，果胶属于可溶膳食纤维，帮助肠道消化，促进肠道益生菌繁殖，帮助排便等。啤梨容易消化，可以热水加热后食用，也是宝宝的理想水果之一，因性微寒，宝宝一次不宜多吃。

西餐中梨的用途为：制作沙拉、开胃菜、红酒煮梨。如果是已切片的梨，为避免梨变黄变软，可以先在盐水中浸泡 5 分钟，再放入冷藏室，吃的时候再用清水洗干净即可，存放不宜超过两天。如果连皮一起存放于冰箱冷藏室，也不宜超过一个星期。

词汇在线

（二）常用的柑橘类水果

柑橘类是所有水果种类中维生素 C 含量最为丰富的水果，属于"酸味"水果。除生食外，也可制成果汁及果酱等产品。

1. 橙（Orange）

橙，又称为印柑子，为芸香科柑橘属植物果实，其颜色鲜艳，果肉酸甜可口，是深受人们喜爱的水果。橙的种类很多，主要有脐橙、冰糖橙、血橙等，经常食用，具有分解脂肪、清火养颜、润肺健胃之功效，被称为"疗疾佳果"。其果皮还能化痰止咳。

● 奇士橙

根据国外研究发现，高胆固醇患者每天喝三杯柳橙汁，一个月后好的胆固醇提高了，坏的胆固醇减少了。另外，在澳大利亚也有研究指出，柑橘类水果内含抗氧化成分，其中，柳丁的抗氧化成分含量是所有水果中最多的，它可以保护人体、增强免疫力。

新奇士橙（Sunkist Oranges）产于美国加州，属于进口水果。其外形与普通甜橙相似，个头更大，色泽更橙黄鲜艳，气味更芬芳。新奇士甜橙以果肉多汁而香甜闻名。适合切开食用果肉或制作果汁冷饮。

2. 柠檬（Lemon）

柠檬，别名为"柠果""洋柠檬""益母果"，常绿小乔木，属芸香科柑橘属。原产印度、中国西南、缅甸西南部和北部等地区，现在主产国为中国（其中，四川省安岳县占全国产量的 80%）、意大利、希腊、西班牙和美国。一年四季开花结果，以春花果为多。

柠檬果呈长圆形或卵圆形，色淡黄、橙黄或青绿，表面粗糙，前端呈乳头状。柠檬果实皮厚，且富含芳香油、维生素 C，不仅有美白功效，同

● 柠檬

时还有减肥效果；果酸主要为柠檬酸，可促进热量代谢、增加肠胃蠕动等，属于典型的保健果品。柠檬水还具有解渴、抑制不当饮食的作用。用在酱料上，可使口感清爽而不腻。

在西餐中，柠檬被广泛用于调味。不论冷菜、热菜、汤及点心、饮料等，都离不开柠檬。可制作沙拉酱汁、柠檬蛋糕、开胃菜、水果沙拉等。

3. 青柠（Lime）

青柠，音译名"莱姆"，是一种皮薄的小型水果，貌似柠檬（与柠檬同科同属）。青柠表皮绿色，一般比柠檬小，带有柠檬、松油、桧木味。具有强酸性，味道比柠檬更酸，含有丰富的维生素 C，被认为是治疗疾病的良药。它能止咳、化痰、生津、健脾，并对血液循环及钙质吸收均能起到促进作用，还能降低胆固醇，消除疲劳，增加免疫力等。

● 青柠

青柠经常用来代替柠檬调制食物，亦有制成青柠汁用于调酒，用在制作咖喱菜、海鲜、餐后甜点等也同样味美。

在泰国菜中，青柠常被用作美食的调味料。泰国人几乎会在每一道菜上都挤上青柠汁，让它们散发出水果的清香。青柠皮可放在炉子上烘烤，放在盘中或杯沿做装饰。

4. 西柚（Grape Fruit）

● 西柚

西柚，别名"葡萄柚"，原产于西印度群岛。是常绿乔木植物柚的成熟果实。果实呈扁球形，悬挂成串如葡萄。成熟时果皮一般呈不均匀的橙色或红色，果肉淡红发白。选择西柚时，重量相当的，以果身光泽、皮薄、柔软的为好。进口西柚的主产地包括南非、以色列、中国台湾等。

葡萄柚中的维生素 C 含量极其丰富，还有宝贵的天然维生素 P 和丰富可溶性纤维素，属于含糖分较少的水果，减肥人士的餐单都少不了它。其天然叶酸还能预防贫血、减少孕妇生育畸胎的概率。

西柚在西餐中一般直接食用或用于制作沙拉汁、果汁。

词汇在线

（三）常用的浆果类水果

浆果类的水果大都柔软多汁，内含许多种子，且营养价值高，其富含的花青素以蓝紫色及红色为主，加工成果酱后色泽特别艳丽。但运送及保存时容易受损。

1. 草莓（Strawberry）

草莓，音译名"士多啤梨"，又称"洋莓""地莓"等。草莓是蔷薇科植物草莓的果实。原产南美、欧洲等地，我国各地都有栽培。每年6~7月间果实成熟时采摘。

草莓表面粗糙，不易洗净，用淡盐水或高锰酸钾水浸泡10分钟既能杀菌又较易清洗。草莓色泽鲜艳，果实柔软多汁，香味浓郁，甜酸适口，营养丰富，深受国内外消费者喜爱。草莓富含胡

● 草莓

萝卜素、鞣酸、天冬氨酸及高铁，具有明目养肝、预防维生素 C 缺乏病、防治动脉硬化、清除体内重金属离子等作用。

草莓鲜用可生食或制果酒、果酱、布丁、松饼和蛋糕装饰等。

2. 树莓（Raspberry）

树莓，又称"覆盆子""黑刺莓""悬钩子""山莓"，是一种蔷薇科悬钩子属的木本植物，植株的枝干上长有倒钩刺。覆盆子的果实是一种聚合果，有红色、金色和黑色，果实味道酸甜，含糖、苹果酸、柠檬酸，富含铁及维生素 A、维生素 C 等，可供生食、制果酱及酿酒，是莓子家族里最受欢迎的果子之一。

● 树莓

树莓酸酸甜甜的味道最适合调制搭配甜点、海鲜类的酱料。

3. 蔓越莓（Cranberry）

蔓越莓，又称"鹤莓""小红莓"，因其花朵很像鹤的头和嘴而得名。它是一种表皮鲜红、长在矮藤上的浆果，生长在寒冷的北美湿地，全球产区不到 4 万

英亩（相当于 161 平方千米），仅限于美国北部的马萨诸塞、威斯康星、新泽西、奥瑞冈、华盛顿等五州，加拿大的魁北克、英属哥伦比亚二省，以及南美的智利。优质蔓越莓果内含空气，能浮在水面上。

在一份美国的博士研究报告中指出，蔓越莓具有一种非常强力的抵抗自由基的物质——生物

● 蔓越莓

黄酮，其含量高于一般常见的 20 种蔬果。在这个处处充满着自由基伤害的大环境里，想要靠自然健康的方法来抵抗衰老可谓难上加难，经常食用蔓越莓是好方法之一。

由于新鲜蔓越莓果实的取得与保存不易，因此，目前市面上较常见的蔓越莓产品多以调和果汁、果干及果酱为主。

4. 桑葚（Mulberry）

● 桑葚

桑葚，又叫"桑果""桑枣"。早在两千多年前，桑葚就是中国皇帝御用的补品。其成熟的鲜果味甜汁多，是人们常食的水果之一。成熟的桑葚质油润，酸甜适口，以个大、肉厚、色紫红、糖分足者为佳，鲜食以紫黑色为补益上品。每年 4~6 月果实成熟时采收、洗净、去杂质，晒干或略蒸后晒干食用。

桑葚含有丰富的果糖、葡萄糖、7 种维生素和 16 种人体所需的氨基酸，其营养是苹果的五六倍，是葡萄的四倍，被誉为"21 世纪的最佳保健果品"。常吃桑葚能显著提高人体免疫力，具有延缓衰老、美容养颜的功效。不过，桑葚性寒，体寒者慎吃。

桑葚可用来制作甜点类的酱料。

5. 蓝莓（Blueberry）

蓝莓，又称"美国蓝莓"，为蓝色的浆果，原产和主产于美国。果实呈蓝色并被一层白色果粉覆盖，色泽美丽悦目，果肉细腻，种子极小。蓝莓果实平均重 0.5~2.5 克，最大重 5 克，可食率为 100%。其甜酸适口，且具有香爽宜人的香气，为鲜食佳品。

● 蓝莓

蓝莓果实中含有丰富的营养成分，是高锌、高钙、高铁、高铜、高维生素的营养保健果品。

蓝莓主要用于制作西餐甜食的果酱。

6. 醋栗（Currant）

醋栗，又分为红醋栗（Red Currant）和黑醋栗（Black Currant）。黑醋栗又名"黑加仑"。红醋栗为小型灌木，其成熟果实为红色小浆果，又名"灯笼果"。

● 黑加仑

● 红醋栗

黑加仑含有非常丰富的维生素 C、磷、镁、钾、钙、花青素、酚类物质。可以食用，也可以加工成果汁、果酱等食品。

7. 葡萄（Grape）

● 葡萄

葡萄属葡萄科植物葡萄的果实，为落叶藤本植物，是世界最古老的植物之一。葡萄与提子实质上都是葡萄的果实，只是在商品流通过程中，上海、香港等地的市场通常将粒大、皮厚、汁少、优质、皮肉难分离、耐储运的欧亚种葡萄称为提子，又根据色泽不同，称鲜红色的为红提，紫黑色的为黑提，黄绿色的为青提。一般进口的葡萄均为提子类。粒大、质软、汁多、易剥皮的果实被称为葡萄，因而形成了两种名称。

葡萄的用途很广，除生食外，还可以制干、酿酒、制汁、制罐头与果酱等。

8. 猕猴桃（Kiwi）

猕猴桃，音译"奇异果"，很多人以为其是新西兰特产，其实它的祖籍是中国，原名狝猴桃。猕猴桃质地柔软，因猕猴喜食，故名猕猴桃；亦有人说是因为其果皮覆毛，貌似猕猴而得名。它在一个世纪以前才被引入新西兰，进口果名又称为奇异果。

猕猴桃为卵形，果肉呈绿色或黄色，中间有

● 猕猴桃

放射状小黑子。其品质独特，甜酸适口，所含维生素 C 为水果之冠。据分析，每 100 克新鲜猕猴桃果肉含有 100~300 毫克（甚至超过 400 毫克）维生素 C，比苹果高出 20~80 倍，比柑橘高出 5~10 倍。猕猴桃以果实大、无毛、果细、水分充足者为上品。

西餐中常用于制作果汁、装饰、制作沙拉等。

词汇在线

（四）常用的核果类水果

核果类水果均有一颗大而坚硬的果核，果肉厚、果汁多。大多为鲜食，也可腌制后做成加工食品，例如蜜饯干果、罐头或是水果酒等。

1. 桃子（Peach）

● 桃子

桃子属于蔷薇科桃属植物。中国各地普遍栽培，品种甚多，有水蜜桃、肥桃、红花桃、白花桃、金桃、蟠桃、黄桃等。桃果汁多味美，芳香诱人，色泽艳丽，营养丰富。桃的含铁量较高，含钾多，含钠少。

黄桃又称黄肉桃，是桃中产量和制作罐头最多见的品种，因肉为黄色而得名。常吃可促进食欲，堪称保健水果、养生之桃。

桃子在西餐中的用途有制作沙拉、水果蛋糕、各种甜品等。

2. 李子（Plum）

李子为蔷薇科植物李的果实，成熟于五六月，呈黄或紫红色。李子原产于中国，3000 年前就有栽培，除新疆、西藏外全国各地均有分布，主要品种有胭脂李、桃李及进口的黑李。黑李是从美国引进的布朗李的优质品种之一，紫黑色含多量蛋白质、维生素及多种矿物质，酸甜可口，口味极佳。

● 李子

李子味酸，能促进胃酸和胃消化酶的分泌，并能促进胃肠蠕动，因而有改善食欲、促进消化的作用。

李子既可鲜食，又可制成李子酱、罐头、果脯，是夏季的主要水果之一。

3. 樱桃（Cherry）

樱桃，音译名"车厘子"，又称"含桃"，属蔷薇科落叶乔木果树，原产于中国，已有2500~3000年的栽培史。在水果家族中，樱桃含铁量位于各种水果之首，每百克樱桃中含铁量多达59毫克；维生素A含量比葡萄、苹果、橘子多4~5倍。樱桃虽好，但注意不要多吃，除了含铁多外，它还含有一定量的氰甙，若食用过多会引起铁中毒。

● 樱桃

樱桃成熟时颜色鲜红，玲珑剔透，味美形娇，营养丰富，保健价值颇高。

买樱桃时应选择果柄完整、色泽光艳、表皮饱满的，吃不完时最好保存在−1℃的冷藏环境中。樱桃果实皮薄汁多容易损坏，所以一定要轻拿轻放。

樱桃除了在制作西点蛋糕中作装饰外，还可制成酱汁等。古时候德国的黑森林地区盛产樱桃，由于樱桃丰收，当地的农妇就会在做蛋糕时将大量的樱桃放在蛋糕夹馅里或装饰在蛋糕表面，在打发奶油时也会加入不少樱桃汁，后来慢慢演变成了带着黑黑巧克力的黑森林蛋糕。殊不知，这款经典蛋糕的主角是樱桃。

词汇在线

（五）常用的瓜果类水果

1. 哈密瓜（Hami Melon）

哈密瓜，属葫芦科植物，是甜瓜的一个变种。我国只有新疆和甘肃敦煌以及内蒙古阿拉善盟一带出产哈密瓜。新疆除少数高寒地带之外，大部分地区都产哈密瓜，最优质的哈密瓜产于南疆的伽师县、哈密和吐鲁番盆地。哈密

● 哈密瓜

瓜有"瓜中之王"的美称，含糖量在 15% 左右，形态各异，风味独特，有的带奶油味，有的含柠檬香，但都味甘如蜜，奇香袭人。

哈密瓜不仅好吃，而且营养丰富，药用价值高。其味甘、性寒，有清凉消暑、除烦热、生津止渴的作用。

西餐中常用于制作开胃菜、水果拼盘、夏季凉汤等。

2. 番木瓜（Papaya）

番木瓜，又叫"木瓜""万寿果"，是热带水果木瓜属番木瓜科，原产于墨西哥南部及邻近的美洲中部地区，与香蕉、菠萝同称为"热带三大草本果树"，是热带、亚热带水果中胡萝卜素含量很高的一种水果，还富含维生素 C（木瓜中维生素 C 的含量是苹果的 48 倍）和可溶性钙。

● 番木瓜

木瓜素有"百益果王"之称，果肉厚实、香气浓郁、甜美可口、营养丰富。果实中含有的木瓜蛋白酶，有促进消化和抗衰老的作用。

木瓜耐储运，采收后可自然存放 1~2 个月。它既是水果，可以生吃；又可做菜，和肉类一起炖煮。木瓜中的番木瓜碱对人体有少量毒性，每次食量不宜过多，过敏体质者应慎食。

3. 菠萝（Pineapple）

菠萝，又称"凤梨"，原产于南美洲，巴西尚有野生品种。菠萝属于凤梨科凤梨属多年生草本果树植物，果实营养丰富，特别是菠萝果汁、果皮及茎所含有的蛋白酶，能帮助蛋白质的消化，增进食欲，医疗上有治疗多种炎症等效果。

西餐中多用于制作酱汁及沙拉，也常当作肉类的配菜。

4. 火龙果（Pitaya）

● 菠萝

火龙果，又叫"青龙果""红龙果""吉祥果"，为仙人掌科量天尺属和蛇鞭柱属植物。原产于中美洲，主要品种有红皮白肉、红皮红肉和黄皮系列，以红皮红肉和黄皮系列为佳。

火龙果果实中的花青素是一种效用明显的抗氧化剂，可以对抗自由基，有效抗衰老。另外，火龙果中富含一般蔬果中较少有的植物性白蛋白，这种有活

● 火龙果

性的白蛋白会自动与人体内的重金属离子结合，通过排泄系统排出体外，从而起到解毒作用。

火龙果是热带水果，最好现买现吃。主要用于制作沙拉、果酱及蛋糕装饰。可在5℃～9℃的低温中冷藏。

（六）常用的热带水果原料

词汇在线

顾名思义，热带水果就是生长在热带地区的水果。

1. 香蕉（Banana）

香蕉属芭蕉科，多年生草本植物，为长圆条形，果皮易剥落，果肉呈黄白色，无种子，质地柔软，口味芳香甘甜，广泛产于亚洲热带地区。中国是世界上栽培香蕉的古老国家之一，国外主栽的香蕉品种大多由中国传去。香蕉生长快，一年四季均有生产。

香蕉是高钾食物，镁的含量也很丰富。香蕉中的糖分可迅速转化为葡萄糖，立刻被人体吸收，是一种快速的能量来源，这也是很多运动员喜欢在比赛期间食用香蕉的原因。

● 香蕉

香蕉能促进大脑分泌内啡肽化学物质，可缓和紧张情绪，提高工作效率。欧洲人因它能解除忧郁而称它为"快乐水果"。

需要注意的是，不能把香蕉放入冰箱里保存，在–12℃以下的地方储存，会使香蕉发黑腐烂。

香蕉多用在沙拉、奶昔及蛋糕等西点中，起到增香及装饰作用。

2. 杧果（Mango）

杧果又名"檬果"，果肉多汁，味道香甜。因品种不同，最大的重达几千克，最小的只有李子那么大。其形状也各有不同，圆的、椭圆的、心形的、肾形的、细长的、丰厚的都有。果皮颜色有青、绿、黄、红等色，果肉有黄、绿、橙色等色。味道有酸、甜、淡甜、酸甜等。

土杧果种子大、纤维多，外来种不带纤维。杧果果实含有糖、蛋白质、粗纤维，其所含的维生素 A 成分特别高，是所有水果中少见的。

● 杧果

西餐中在制作沙拉、酱汁、甜食时都经常用到杧果。

3. 鳄梨（Avocado）

● 鳄梨

鳄梨，别名"牛油果""油梨""酪梨"，为樟科鳄梨属的一种，原产于中美洲，全世界热带和亚热带地区均有种植，但以美国南部、危地马拉、墨西哥及古巴栽培最多。

鳄梨的果实是一种营养价值很高的水果，含有丰富的维生素 E 及胡萝卜素，其80%的脂肪为不饱和脂肪酸（如油酸），极易被人体吸收。鳄梨的纤维含量很高（一个鳄梨提供的膳食纤维为每日摄取量的34%），可溶纤维能清除体内多余的胆固醇，而不溶纤维则帮助保持消化系统功能正常，预防便秘。

鳄梨可以直接食用。其本身味道非常清淡，大部分人会感觉比较寡味，但也有人就喜欢它的清香。可以涂抹在面包上吃，或做沙拉、做奶昔、做酱料、做汤，还可以和一些味道比较重的食物搭配在一起吃。比如配熏鸡、烟熏三文鱼或培根。熏肉被鳄梨缓解了咸腻，而鳄梨又被熏肉引发得味道更加丰富。

总之，鳄梨属于百搭食材。

4. 阳桃（Fruit of Carambola）

阳桃，又称"洋桃""五敛子"，为多年生常绿灌木植物，属酢浆草科五敛子属，产于热带、亚热带，具有非常高的营养价值。中国是阳桃的原产地之一。

阳桃品种较多，有蜜丝种、白丝种、南洋种等。果肉淡黄，半透明，表面有 5~6 个棱，

● 阳桃

其断面像星星状。

阳桃皮薄如膜、纤维少、果脆汁多、甜酸可口、芳香清甜，可食率为92%以上，有助消化、滋养、保健功能。

阳桃可作西点装饰，榨汁，作沙拉及制酱等。

酸奶水果沙拉制作"四项注意"

炎炎夏日，正是新鲜水果大量上市的季节，于是，口感清新、外形润泽清丽的水果沙拉成了众多美食DIY爱好者的首选。制作沙拉简单且不乏创意，还可以免受厨房油烟之苦。水果沙拉风味别具一格，或甜，或酸，或爽口，或滑嫩，能让人感受夏日"缤纷"。

● 酸奶水果沙拉

酸奶水果沙拉的做法很简单，将你喜欢的水果去皮切丁，再倒入酸奶，轻轻搅拌均匀，一盘洁白亮丽、清香扑鼻、酸甜可口、营养丰富的酸奶水果沙拉就做成了。

水果沙拉虽容易做，但是要注意以下几点：

第一，酸奶要选低脂的品种。高脂酸奶往往太稠，做出沙拉不好看，也与水果的清爽特点不符。

第二，所选水果不能是那种切成丁会出很多汁水的，因为这会稀释酸奶，裹不住水果丁。例如，罐头水果不宜做沙拉，因为里面的水果都是糖水泡的，不容易控干水分。

第三，酸奶本身带有一定酸味，因此做沙拉的水果甜度要高一些才好吃。香蕉一般甜度足够，苹果和梨则因品种不同而甜度不一，需要挑选。

第四，水果沙拉最好现做现吃。如果要事先准备，也得放入冰箱的冷藏室，而且时间最好不要超过一小时，时间长了，切开的水果会"生锈"，影响口感和色泽。

46
知识点 西餐冷厨房常用蔬菜类原料

蔬菜类原料
中英对照表

1. 生菜（Lettuce）

词汇在线

生菜，又名"叶用莴苣"，原产于地中海沿岸，是莴苣的变种。生菜的品种很多，按其叶子形状可分为长叶生菜、皱叶生菜、结球生菜三种。长叶生菜又称散叶生菜，叶片狭长，一般不结球，有的心叶卷成筒形，常见的品种有波士顿生菜、登峰生菜等。皱叶生菜又称玻璃生菜，叶面

● 皱叶生菜

皱缩，叶片深裂，按其叶色又可分为绿叶皱叶生菜和紫叶皱叶生菜，常见的品种有奶油生菜、红叶生菜、广东的软尾生菜等。结球生菜俗称西生菜、团生菜，顶生叶形成叶球，叶球呈球形或扁圆形等，常见的品种有皇帝生菜、恺撒生菜、萨林纳斯生菜等。生菜在西餐厨师烹调中主要用于制作沙拉，并可用作各种菜肴的装饰。

● 西生菜

2. 洋白菜（Cabbage）

洋白菜，又名"甘蓝""包包菜""圆白菜""卷心菜"，原产自地中海沿岸，是两年生草本植物。最早把洋白菜当作农作物培植的是西班牙的古代伊比利亚人。后来，随着人们交往频繁，传入古希腊、埃及和罗马。大约在公元9世纪，俄罗斯人开始引种。几百年来，洋白菜成了俄罗斯人通常食用的主要蔬菜。洋白菜传入中国是近百年来的事，虽然它移来我国时间不长，但由于它适应性强，再加上有味道鲜美、供应期长、产量高、耐久藏、方便运输等特点，现在在我国的大江南北、长城内外普遍种植，且已成为人们喜爱的蔬菜品种之一。经过年代久远的培

植，洋白菜的变种很多，如常见的结球甘蓝、抱子甘蓝、羽衣甘蓝、椰菜等。

洋白菜在西方是最为重要的蔬菜之一，和大白菜一样产量高、耐储藏，是四季的佳蔬。德国人认为，洋白菜才是菜中之王，它能治百病。西方人用洋白菜治病的"偏方"，就像中国人用萝卜治病一样常见。现在市场上还有一种紫色的洋白菜叫紫甘蓝，营养功能基本上和洋白菜相同。

● 洋白菜

● 紫甘蓝

洋白菜的营养丰富，蛋白质、脂肪的含量均高于同量的大白菜。甘蓝富含维生素 U，有治疗胃及十二指肠溃疡的药用价值。多吃洋白菜，可增进食欲，促进消化，预防便秘。洋白菜也是糖尿病和肥胖患者的理想食物。

洋白菜适于炒、烩、拌、熘等，可与番茄一起做汤，也可作馅心。

3. 抱子甘蓝（Brussels Sprouts）

抱子甘蓝，又名"迷你包菜""小包菜"，原产地是地中海沿岸，是由我们常吃的紫色甘蓝菜进化而来的，在欧洲、北美等地非常受欢迎，属于家常菜，近年来才传入我国，在台湾地区有小面积种植。

● 抱子甘蓝

抱子甘蓝为迷你卷心菜的一种，它长在高大的木质茎干上，结成小球时采收最为理想。它的营养价值与甘蓝相同，对提高人体免疫力和预防感冒都有一定作用，特别是其中含有的"溃疡愈合因子"，能加速口腔溃疡的愈合，是治疗胃溃疡的上好选择。

在西方国家，主要用于制作蔬菜沙拉，经常是放到沸水中煮上 3~7 分钟，烹煮时间以能保有一点硬度及辣味为佳，后捞起浇上黄油、奶油、生抽和蚝油拌匀即可，在西餐中被称作小包菜沙拉。

从夏末到仲春皆能购得，也可和栗子或胡桃一起烹煮，或煮后加奶油调味，或煎炒，或加入汤里。主茎顶端的叶片可以当作蔬菜食用。

4. 结球甘蓝（Kohlrabi）

结球甘蓝，又称"芥蓝球""球茎甘蓝""茎蓝"，是十字花科芸薹属甘蓝种中能形成肉质茎的变种，二年生草本植物。原产地中海沿岸，由叶用甘蓝变异而来。在德国栽培最为普遍。16世纪传入中国，现全国各地均有栽培。

结球甘蓝的叶面有蜡粉。叶柄细长，生长一定叶丛后，短缩茎膨大，形成肉质球茎，按球茎皮色分绿、绿白、紫色三个类型。

● 结球甘蓝

结球甘蓝维生素含量十分丰富，尤其是鲜品绞汁服用，对胃病有治疗和止痛生肌的功效。其所含的维生素C含量极高，一杯（约200毫升）茎蓝汁含有"每日建议摄取量"的1.5倍。它还含有大量的钾，而维生素E的含量也超过"每日建议摄取量"的10%。

水果形结球甘蓝是从欧洲引进的特菜新品种，以膨大的肉质球茎和嫩叶为食用部位，球茎脆嫩清香爽口，可鲜食、熟食或腌制，适宜凉拌切丝做成凉拌沙拉；嫩叶营养丰富，含钙量很高，并具有消积食、去痰的保健功能，适宜凉拌、炒食和做汤等。

5. 西蓝花（Broccoli）

● 西蓝花

西蓝花又名"青花菜""意大利芥蓝"，属十字花科，是甘蓝变种，原产于意大利。西蓝花介于甘蓝、花菜之间，主茎顶端形成绿色或紫色的肥大花球，表面小花蕾明显，较松散，而不密集成球，其可食部位是其松散的小花蕾及其嫩茎。含蛋白质、糖、脂肪、维生素和胡萝卜素，营养成分位居同类蔬菜之首，被誉为"蔬菜皇冠"。

西蓝花在西餐厨师烹调中主要用于制作配菜，也可单独成菜。

6. 花椰菜（Couliflower）

花椰菜，又名"花菜"，与西蓝花（青花菜）和结球甘蓝同为甘蓝的变

● 花椰菜

种。原产于地中海东部海岸，约在19世纪初清光绪年间引进中国。它的花又称"结球花"。

花椰菜被称为甘蓝科中的贵族，它味道鲜美，营养也很高，还有很高的药用价值。它的维生素C含量非常丰富，比辣椒的含量都高很多。

花椰菜通常稍微烹煮后食用，或煮成奶汁烤花椰菜，搭配贝夏梅尔调味白汁（Be`chamel sauce）上桌。

7. 洋百合（Artichoke）

洋百合，别名"朝鲜蓟""法国洋蓟"，是菊科菜蓟属多年生草本植物，现在广泛种植于美国的加利福尼亚以及法国、比利时、地中海附近各国及其他土壤肥沃、气候温和潮湿的地区。19世纪由法国传入我国上海，目前在上海、浙江、湖南、北京、云南等地有少量栽培。以花蕾中的花苞及花托为食用部位，叶也可煮食或凉拌。品种较多，法国、意大利栽培较多也最为有名。

● 洋百合

洋百合味道清淡、生脆，是欧美人非常喜欢食用且消费量很大的高档蔬菜。洋百合味美，有核桃味。较小的花头通常最嫩，经烹调浇调味汁食用或做沙拉和开胃菜。在欧洲，洋百合被誉为"蔬菜之王"，其营养丰富，同时具有较高的医用价值，对于促进消化具有较好的效果。

8. 菊苣（Chicory）

菊苣，又称"欧洲菊苣""苦苣"，原产地中海、亚洲中部和北非。菊苣为菊科植物菊苣的地上部分，以其嫩叶、叶球、叶芽为可食部位。菊苣有软化菊苣和结球菊苣两种类型。其以脆嫩的口感、微苦带甜的味道、适宜鲜食的特点，在

蔬菜中占有独特的地位，既可开胃，也可解荤腻，还有清肝利胆的功效。主要用于鲜食，洗净后掰下叶片蘸酱生食，或切成细丝拌沙拉。结球菊苣比软化菊苣营养丰富，苦味稍浓。

● 平叶菊苣

（1）红菊苣。红菊苣，又被称为意大利菊苣，红色的叶子上有白色的纹路。它的味道非常苦，在意大利很受欢迎，用来做意大利烩饭，或是用橄榄油烤着吃，烤制之后，就会变得醇香可口。在美国，主要当作沙拉生吃。和所有菊苣种类一样，只要种植得当，它的根可以用来和咖啡混合。另外，它也可以和通心粉或苹果派配着吃，或者做点心的馅儿，以及做橄榄酱（Tapenade）的配料。

（2）白菊苣。平叶类型的菊苣形似白菜心，叶片呈长卵形，叶缘浅，叶片以裥褶方式向内抱合成松散的花形，苦味稍重。常见的品种如白菊苣、法国菊苣、比利时菊苣等。大个儿的芽球，可洗净后把叶瓣剥下，整片叶蘸酱，做成鲜美开胃的凉拌菜。小个儿的芽球可整个食用。清洗时不能用热沸水冲洗（经加温后即变褐色、变软而苦），洗净后可用猛火爆炒，炒熟即食，不宜久放。

（3）苦菊。皱叶类型的菊苣形似皱叶生菜，又称为"羽叶生菜"。叶片为绿色披针形，叶缘有锯齿，深裂或全裂，苦味较淡。苦菊在西餐厨师烹调中主要用于制作沙拉或生食，也可作为各种菜肴的装饰。

● 红、白菊苣

● 苦菊

9. 芝麻菜（Arugula）

芝麻菜，又称"火箭生菜""德国芥菜"，属十字花科，芝麻属，原产于东亚与地中海。

● 芝麻菜

芝麻菜是一年生草本植物，直根发达，根系入土深，成株株高 30~40 厘米，茎圆形，上有细茸毛，叶羽状深裂，叶缘波状，幼苗或嫩叶部分供食用，具有很浓的芝麻香味，故名芝麻菜。

芝麻菜口感滑嫩，微苦，鲜叶汁具有芝麻香味。适合炒食、煮汤、凉拌或佐米饭蘸酱吃。

10. 菠菜（Spinach）

菠菜，又称"赤根菜""波斯菜"，为苋科一年生草本植物。主根发达，肉质根红色，味甜可食，但通常以叶片及嫩茎供食用。春天的菠菜比较嫩小，可以整棵连根一起凉拌，嫩红的根和碧绿的叶子非常漂亮，适合凉拌。

● 菠菜

菠菜含草酸较多，与含钙丰富的食物共烹，容易形成草酸钙，不利于人体吸收，对肠胃也有不利影响，烹调时先用沸水把菠菜烫一下，捞出后沥去水再炒，这样可去除大部分草酸，防止出现不为人体所吸收的草酸钙，同时，将菠菜烫一下，还可去掉涩味。

11. 胡萝卜（Carrot）

● 胡萝卜

胡萝卜，又称"红萝卜"，是伞形科胡萝卜属两年生草本植物，以肉质根作蔬菜食用。原产亚洲西南部，栽培历史在 2000 年以上。胡萝卜的品种很多，按色泽可分为红、黄、白、紫等数种。还有一种小型胡萝卜叫 baby carrots，又称为"水果胡萝卜"，口感很脆很甜，在欧美，是健康零食的代表。其营养极其丰富，饱腹感强，热量仅含 41 卡左右，脂肪 0 克，是国外健身达人倾力推荐的减脂健康食物。

新鲜胡萝卜甜脆，皮平滑而无污斑。亮橘黄色表示胡萝卜素含量高，可凉拌或烹食。胡萝卜营养丰富，素有"小人参"之称。含有丰富的胡萝卜素、维生素

C 和 B 族维生素，有治疗夜盲症、保护呼吸道和促进儿童生长等功能。此外，还含较多的植物纤维和钙、磷、铁等矿物质。生食或熟食均可，还可腌制、酱渍、制干等。

酒与胡萝卜不宜同食，会造成大量胡萝卜素与酒精一同进入人体，而在肝脏中产生毒素，导致肝病；另外，萝卜主泻、胡萝卜为补，所以二者最好不要同食。

12. 黄瓜（Green Cucumber）

黄瓜，也称"胡瓜""青瓜""刺瓜"，属葫芦科黄瓜属植物。黄瓜是最保湿的蔬菜之一，含水量接近90%，被称为"厨房里的美容剂"。黄瓜也是很好的减肥水果，是夏季最受人们喜爱的蔬菜之一。黄瓜有降血糖的作用，对糖尿病人来说，黄瓜是最好的亦蔬亦果的食物。黄瓜中有苦味素，适宜热病患者、肥胖、水肿、嗜酒者多食。但是，黄瓜性凉偏寒，久病体虚、脾胃虚弱的人要少吃。

● 黄瓜

西餐常用的小黄瓜，又称荷兰小黄瓜、水果黄瓜。瓜长12~15厘米，直径约3厘米，比起普通黄瓜来说要小很多。小黄瓜的外表没有小刺，非常光滑。口感脆嫩微甜，种子很小，可以当水果食用，也可用来腌制酸黄瓜。

黄瓜清脆爽口，是开胃的首选。不仅可以把它拌在沙拉里、包在三明治里生吃，还可以油炸、烧烤或榨汁做成提神饮料。将西式的腌酸黄瓜切成丁加在马乃司少司中，就变身成美味的塔塔酱，搭配各式烤肉、烤鱼料理，都十分对味。

13. 芦笋（Asparagus）

芦笋，又名"石刁柏""龙须菜"，属百合科，多年生宿根植物，原产于亚洲西部，因其枝叶如松柏状，故名石刁柏。芦笋的可食部位是其地下和地上的嫩茎。

芦笋的品种很多，按颜色分，有白芦笋、绿芦笋、紫芦笋三种。芦笋自春季从地下抽薹，如不断培土并使其不见阳光，长成后即为白芦笋；如使其见光生长，刚抽薹时顶部为紫色，此时收割的为紫芦笋；如待其长大后即为绿芦笋。白芦笋多用来制罐头，紫芦

● 芦笋

笋、绿芦笋可鲜食或制成速冻品。芦笋在西餐厨师烹调中可用于制作配菜，或作为菜肴的辅料。芦笋以嫩茎供食用，质地鲜嫩，风味鲜美，柔嫩可口，烹调时切成薄片，炒、煮、炖、凉拌均可。冷藏保鲜时，先将芦笋用开水煮 1 分钟，晾干后装入保鲜膜袋中扎口放入冷冻柜中，食用时取出。

14. 红菜头（Red Beet）

红菜头，又名"紫菜头""甜菜根""红甜菜""火焰菜"。红菜头是藜科甜菜属植物，是甜菜的一个变种，为两年生草本植物。红菜头原产于希腊，根和叶为紫红色，色泽鲜艳，其可食部位是其肥大的肉质块根，多呈扁圆锥形，外皮灰黑。根肉含有较多的甜菜红素，呈紫红、殷红、鲜红色。

红菜头生吃略甜，在西餐厨师烹调中常用来制作沙拉、汤及配菜，并可作为菜肴的装饰点缀原料，或作为雕刻菜的原料，颜色非常鲜艳。还可做汤类菜和加工成罐头。

● 红菜头

15. 甜椒（Bell pepper）

甜椒，俗称"西椒""彩椒""菜椒""灯笼椒"，原产地在墨西哥和中美洲一带，是茄科辣椒属能结甜味浆果的一个亚种，有紫色、白色、黄色、橙色、红色、绿色等多种颜色。

虽然叫"椒"，但彩椒不仅没有辛辣味，反而因其味道鲜美得名"甜椒"。不仅如此，颜色鲜艳的彩椒让人一看就颇有食欲。彩椒的盛产期是每年 10 月到第二年 4 月，所以一年中有一半以上的时间都能够吃到彩椒。

甜椒含丰富的维生素 C、维生素 B 及胡萝卜素，所含的维生素 C 远胜于其他柑橘类水果，是非常适合生吃的蔬菜。越红的甜椒营养越丰富。

由于彩椒本身具有抗虫能力，所以农药的含量较低，只要清洗干净，去掉容易残留农药的蒂头，就可以连着皮一起食用。不过，彩椒的外皮不容易消化，吃多了会造成肠胃负担。火烤是去掉彩椒皮最方便快捷的方法：先将整个彩椒放在火炉上烤，当甜椒表面完全焦黑时，取出来放入冷水中，浸泡到不烫手，即可用手轻松搓掉外皮，就能看到鲜艳

● 甜椒

的果肉了。

16. 荷兰豆（Snow peas）

荷兰豆，别名"雪豌豆""豌豆"。相传荷兰豆是由荷兰人引进中国台湾的，因此又称"荷兰豆"。在荷兰，被称为"中国豆"。原本产在南欧地中海沿岸、亚洲中部。

荷兰豆系指豌豆中的软荚豌豆，又称食荚豌豆，是西方国家主要的食

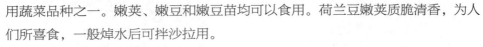
● 荷兰豆

用蔬菜品种之一。嫩荚、嫩豆和嫩豆苗均可以食用。荷兰豆嫩荚质脆清香，为人们所喜食，一般焯水后可拌沙拉用。

荷兰豆营养价值高，味鲜美，含有丰富的碳水化合物、蛋白质、胡萝卜素和人体必需的氨基酸；富含维生素 C 和能分解体内亚硝胺的酶；荷兰豆还有丰富的膳食纤维，可以防止便秘，有清肠作用。

17. 法国青豆（Green Bean）

法国青豆，又名"法国青刀豆""四季豆"，是豆科菜豆属一年生草本矮生植物。豆体细小而短，吃起来清甜脆口，且营养丰富，嫩荚含蛋白质 6%，还有丰富的碳水化合物、维生素（尤其是维生素 C）。其嫩荚可以炒食，还可以做成腌制品及罐头等。

法国青豆在欧盟国家食用较为普遍，挑选时要求荚色深绿，柔软脆嫩，肉质厚，无纤维或筋，成熟一致，含糖量高，风味好，豆体的长度不能超过 8 厘米。法国青豆罐头
● 法国青豆
的主要生产国有美国、法国、德国等，其中以美国为主。

法国菜变素了

欧洲正在进行一场绿色革命。高档素菜正在征服欧洲餐饮界，瑞士商业之都苏黎世的大多数一流餐厅除了传统菜单外都有素食菜单。

以蔬菜为基调的菜肴正在餐饮界掀起一股不可阻挡的潮流，这种变化在很多城市上演，在洛杉矶一带影响尤其巨大。从极其讲究的美食家到对潮流漠不关心的普通聚会，变化无处不在。

● 素食

过去，素食者与肉食者之间泾渭分明，前者往往比较严苛，而后者显然凡事从舌头出发，无论是哪个菜系，味道最重要的基石都是长时间煨制的肉类或海鲜高汤。

现在，更加弹性的方式以及包容的环境让双方不再势不两立，而是开始互相融合。你可以看到，嗜肉者居然在餐厅吃起了南瓜子做的香肠，而在南加州的高级餐厅里，点上一道精致的烤茄子成为非常时髦的事情。

英国"食物发展协会"的一份民意调查显示：素食不再是少数族群的风尚，它迅速走俏，成为主流族群的选择，86%的英国民众一周会吃一两顿素食，这迫使餐馆也跟着顺应这个趋势。

47
知识点 **西餐冷厨房常用坚果种子类原料**

冷厨房坚果种子类原料
中英对照表

坚果果皮坚硬，内含 1 粒或多粒种子，如杏仁、榛子、核桃等的果实。坚果是植物的精华部分，营养丰富，含蛋白质、油脂、矿物质等，维生素含量也较高，对人体生长发育、增强体质、预防疾病有极好的功效。

（一）世界四大干果

词汇在线

1. 巴旦木杏仁（Almond）
巴旦木杏仁，又名"美国大杏仁""甜杏仁"，属蔷薇科扁桃属，是扁桃的果仁。巴旦木杏仁营养丰富，含有多种维生素及矿物质元素，脂肪含量20%~70%，蛋白质含量高达25%~35%，超过核桃等干果，是营养价值极高的果品。巴旦木杏仁还含有丰富的黄酮类和多酚类成分。

● 巴旦木杏仁

巴旦木杏仁有苦甜之分，甜杏仁可以作为休闲小吃，也可做凉菜用；苦杏仁一般用来入药，并有小毒，不能多吃。

2. 核桃仁（Walnut）

● 核桃仁

核桃仁，即核桃中剥出来的仁，含有较多的蛋白质及人体营养必需的不饱和脂肪酸，这些成分皆为大脑组织细胞代谢的重要物质，能滋养脑细胞，增强脑功能。核桃仁含有大量维生素E，经常食用有润肌肤、乌须发的作用，可以令皮肤滋润光滑，富有弹性。

核桃可生食，熟食，或做药膳粥，煎汤等，也可用于制作糕点、糖果等，不仅味美，而且营养价值也很高，在欧洲各国它又是圣诞节等一些传统节日的节日食品。

华尔道夫沙拉（Waldolf Salad）是一款经典的美式沙拉，被称为纽约第一的百年经典沙拉。据说，其最初版本只有西芹和苹果以沙拉酱拌食，核桃肉是后来改进加进去的，并且成为该沙拉的身份识别码之一。

3. 榛子（Hazelnut）

榛子又名"锥栗""栗子""珍珠果"，为桦木科植物毛榛、华榛、滇榛、川榛的种仁，果实底圆顶尖，形如锥，因而得名"锥栗"。其外壳坚硬，果仁肥白而圆，有香气，含油脂量很大，吃起来特别香美，余味绵绵，因此成为最受人们欢迎的坚果食品，有"坚果之王"的称号。榛子也是人们果盘中干果的"常客"，既可生食亦可炒食。西餐中常

● 榛子

常用来制作榛子酱。榛子酱分为原味榛子酱和调味榛子酱。原味榛子酱是用榛子直接压榨研磨而成。调味榛子酱是在原味榛子酱的基础上，配以巧克力、糖等成为深受欢迎的巧克力榛子酱。常涂在面包、饼干等食物上来增添美味，也可用作烘烤糕点的馅料。

4. 腰果（Cashew Nut）

腰果，又叫"树花生"，因其坚果呈肾形而得名，属热带常绿乔木，原产巴西东北部，为世界著名的四大干果之一。果实成熟时香飘四溢，甘甜如蜜，清脆可口。腰果果仁营养丰富，富含蛋白质及各种维生素。其富含的油脂可以润肠通便，润肤美容。腰果含油脂丰富，故不适合胆功能严重不良者，肠炎、腹泻患者和痰多患者食用。

腰果是一种营养丰富、味道香甜的干果，既可当零食食用，又可制成美味佳肴。

● 腰果

（二）其他常用种子类原料

词汇在线

1. 开心果（Pistachio Nut）

开心果，英译名"必思答"，又名"绿仁果""美国花生"等，味道鲜美、营养价值较高。原产地为美国加州，后移植于世界各地，产地分布广泛，中国新疆亦有栽培。由于开心果对生长环境——气候、温度、湿度、光照度要求较高，因此，现在世界上开心果产地一般主要分布于美国加州、伊朗、土耳其、巴西四个地方，这就是所谓美国加州果、伊朗果、土

● 开心果

耳其果、巴西果。其中，以美国所产的开心果最为有名，质量也最好。

开心果富含维生素、矿物质和抗氧化元素，具有低脂肪、低卡路里、高纤维的显著特点。

● 葵花子

开心果口味香甜松脆，未加工时有一种清香，加工后因添加材料不同而有不同口味，厨师可用之制作沙拉等美食。

2. 葵花子（Seeds of Sunflower）

葵花子，别名"葵瓜子"，为菊科一年生草本植物，我国各地均有栽培。葵花子仁营养丰富，不含任何不利营养的或有毒的物质。所含的脂肪油达50%以上，其中，亚油酸占70%，除食用外还可专供榨油。葵花子油有润肤泽毛之效，还能治疗失眠、增强记忆力。

将葵花子剁碎后可加在沙拉里食用。

3. 西瓜子（Seeds of Watermelon）

西瓜子，别名"瓜子""黑瓜子"。西瓜为一年生草本植物，原产于非洲中部，现在世界各地都有栽培。西瓜子表皮颜色多呈黑色，瓜子仁富含脂肪、蛋白质和多种维生素，还含有一种皂苷物质。西瓜子除了炒制食用外，还可用作中西式点心的馅料。

● 西瓜子

吃坚果到底易增肥还是易减肥？

坚果的脂肪含量一般从40%到80%不等，6个核桃就相当于一碗饭的热量。乍一看，热量高得吓人！然而，仅凭坚果的高热量就判定它会让人变胖，那就大错特错啦！

路透社曾报道美国的一项研究，证明坚果可以减肥！科学家分析了803位被研究者的饮食习惯后发现，那些食用松子、杏仁、核桃等树生坚果最多的参试者，比食用较少坚果的参试者的肥胖率要低37%~46%。

坚果所含的脂肪为不饱和脂肪酸。而不饱和脂肪酸和高蛋白食物的摄入，在

● 坚果

一定程度上会提高食物热效应，从而使得进食本身引起大量能量的消耗。另外。

坚果中还含有一种"减肥利器"——膳食纤维。膳食纤维是一种多糖，它不易被胃肠道吸收，热量低，饱腹感强，还能促进胃肠道蠕动，加快食物通过胃肠道，减少吸收。它还能软化大便，改善便秘，对减重意义重大。

还有研究指出，坚果中还含有许多活性物质，如多酚、儿茶素、表儿茶素等。这些物质能促进代谢，具有一定的减肥功效。

48
知识点 西餐冷厨房常用肉制品类原料

冷厨房肉制品类原料
中英对照表

（一）火腿

词汇在线

火腿（Ham）是一种在世界范围内流行很广的肉制品，目前除少数伊斯兰教国家外几乎各国都有生产或销售。

火腿色泽鲜艳，红白分明，瘦肉香咸带甜，肥肉香而不腻，美味可口。火腿制作经冬历夏，经过发酵分解，各种营养成分更易被人体所吸收。

火腿是块肉产品，内容物中必须有成块的肉，颜色呈粉红色或玫瑰红色，有光泽，弹性好，切片性能好。熏煮火腿是由西方传入中国，又叫西式火腿。中国市场上销售的主要有方火腿和圆火腿，按肉块大小又可分为块肉火腿、碎肉火腿和肉糜火腿。

西式火腿可分为两种类型：整只带骨猪后腿火腿和无骨火腿。

1. 带骨火腿

带骨火腿一般是用整只的带骨猪后腿加工制成的，其加工方法比较复杂，加工时间长。一般是先把整只后腿肉用盐、胡椒粉、硝酸盐等干擦表面，然后浸入加有香料的盐水卤中腌制数日，取出风干、烟熏，再悬挂一段时间，使其自熟，就可形成良好的风味。

最著名的带骨火腿有西班牙的伊比利亚火腿和意大利的帕尔玛火腿。

（1）西班牙伊比利亚火腿（the Spanish Iberian Ham）。优质西班牙伊比利亚火腿来自100%纯正伊比利亚黑蹄猪，伊比利亚黑蹄猪是世界上最幸福的猪，因为它们被自然放养，吃野生的橡果，喝天然矿泉水，还有人陪它们一起在草地上奔跑、减肥。这样喂养出的猪，其脂肪中的胆固醇含量低，脂肪也变得清洁、透明。由此生产出了世界上最优秀、最昂贵的火腿。

● 伊比利亚火腿

西班牙伊比利亚火腿适合生吃，瘦的部分绯红结实，肥的地方白嫩透明，吃上一片，唇齿留香。慢慢咀嚼，在淡淡的盐味后是绵长的肉香在嘴里挥之不去。热爱生火腿的人不会拒绝这个名字。

● 帕尔玛火腿

（2）意大利帕尔玛火腿（Parmesan Ham）。帕尔玛火腿原产地是意大利帕尔玛省南部山区。帕尔玛火腿是全世界最著名的生火腿，其色泽嫩红，如粉红玫瑰般，脂肪分布均匀，在各种火腿中其口感最为柔软。

帕尔玛火腿选用当地每只超过15千克的猪腿，腌制时无须任何香辛料和化学添加剂，只是加入不同量的粗盐，采用传统的加工工艺。由于制作时间和猪种的区别，超过2万种的菌类和生物酶在火腿中分解脂肪和蛋白质，这些作用使火腿得到不同的风味。帕尔玛火腿的生产周期必须超过1年。

帕尔玛火腿吃法也多种多样。可以配上一些柔软的奶酪，也可以搭配水分充

● 无骨火腿

足口感甜蜜的水果，甚至还在汉堡、三明治、热狗及比萨中也能看到它的身影。

2. 无骨火腿

无骨火腿一般选用去骨的猪后腿肉，也可用净瘦肉为原料，用掺有香料的盐水浸泡、腌制入味，然后加水煮制。有的还需要经过烟熏处理后再煮制。这种火腿有圆形和方形的，使用比较广泛。

火腿在烹调中既可作主料又可作辅料，也可制作冷盘。

（二）香肠

香肠（Sausage）的种类很多，仅西方国家就有上千种，主要有冷切肠系列、早餐香肠系列、色拉米肠系列、小泥肠系列、风干肠系列、烟熏香肠及火腿肠系列等。其中生产香肠较多的国家有德国和意大利等。制作香肠的原料主要有猪肉、牛肉、羊肉、火鸡肉、鸡肉和兔肉等，其中以猪肉最普遍。一般的加工过程是将肉绞碎，加上各种不同的辅料和调味料，然后灌入肠衣，再经过腌制或烟熏、风干等方法制成。世界上比较著名的香肠品种有德式小泥肠、米兰色拉米香肠、维也纳牛肉香肠、法国香草色拉米香肠等。

香肠在西餐厨师烹调中可做沙拉、三明治、开胃小吃、煮制菜肴，也可作热菜的辅料。

1. 色拉米香肠（Salami Sausage）

● 色拉米香肠

色拉米香肠，又称"萨拉米""沙乐美"，是意大利风味的西式肉制品，是一种十分出名的意大利美食，在欧洲地区相当畅销。

这种香肠的用料主要精选不同部位的猪肉，肥瘦搭配比例大约是4：10。除食盐外，里面还加入了意大利人喜欢的典型调味料，主要是大蒜、红辣椒、黑胡椒等。香肠制作经熏烤工序后，需吊挂在干燥、通风和阴凉处风干，时间长达三四个月。风干过程中，还要每周对香肠进行翻挂，以使里面的脂肪分布达到均衡。

食用时切开香肠，可看到横断面暗红色瘦肉中夹杂着白色的小点状肥肉。萨拉米香肠生产由原料到成品都不需要加热，经过生物发酵，有一种特殊的香味，切片性好，耐咀嚼，易于人体消化。

2. 小泥肠（the hot dogs）

小泥肠外观呈乳白色，肠体饱满，肉质细腻、鲜嫩，咸淡适中，有奶香味，香脆可口，炸炒皆宜。

小泥肠有鸡肉泥肠和猪肉泥肠。它选料严格，制作精细。鸡肉泥肠以鸡胸肉为原料，猪肉泥肠以猪瘦肉为原料。其他主要原料还有鸡肉、奶粉、淀粉、食用盐、香辛料等。小泥肠是用碎肉灌入羊肠衣，蒸烤而成的熟制品。下锅炒一下以后，香肠变

● 小泥肠

红，焦香味出来，肠衣也更脆了，蘸番茄汁或者色拉酱都可以，脆嫩可口。

3. 维也纳香肠（the Wiener Sausage）

维也纳香肠是把猪肉和牛肉用盐腌制后加上香辣调味料熬制，填入肠衣（如羊肠等）后烟熏或煮制而成，它是发源于奥地利维也纳的香肠。

维也纳牛肉肠以肉糜制成，口感细腻；匈牙利牛肉肠是以牛肉颗粒制成，吃起来爽口。此外还有芝士牛肉肠、猪肉制的慕尼黑白肠以及猪肉牛肉混合的思维

● 维也纳香肠

那香肠。

香肠是除啤酒之外的另一样德国国宝

众所周知，德国人对香肠情有独钟，五花八门的烹饪方法和香肠种类常常让外国人叹为观止。德国最有名的红肠、香肠及火腿，种类起码有 1500 种以上，

● 德国国宝——香肠

并且都是猪肉制品。

德国的国菜就是在酸卷心菜上铺满各式香肠及火腿。大家会发现，多数的香肠以地区来命名，例如：法兰克福香肠等。

在吃法上，德国香肠也呈现多样化，不仅可以水煮、油煎或烧烤，同时也可以做成沙拉、煮汤或直接生吃。德国日耳曼民族属维京民族的旁支，个性豪放彪悍，在饮食方面喜好大块啖肉、大碗喝酒的洒脱作风。

（三）培根

培根（Bacon），又称"熏肉""烟肉"。"培根"的叫法来自英文单词Bacon，实际上是将猪肉经腌、熏等手法加工成的食物。其选择的部位，一般是猪胸肉以及猪的背部、肋部。传统习惯中，猪皮也可制成培根，不过基于健康的考虑，无皮的培根更受欢迎。培根的主要产地在北美洲，很久以来，也一直广泛被欧洲人所食用。

● 培根

培根是用盐腌的方法来保存猪肉，待腌肉风干后，还要进行摩擦，再经过一段时日，加入干盐或盐的混合物、糖和香料等，继续腌制。最后放在干燥、通风处风干9个月以上，其过程可谓艰辛。并不是所有腌肉都要烟熏，烟熏的目的是为了令腌肉吸入更多的味道，同时加速腌制的过程。但那特殊的烟熏味道，往往是许多培根迷们最钟情之处。

传统的烟熏方法是将腌肉悬在屋子里，在下方点燃木片进行熏制，而使用哪个品种的木头大有讲究，苹果树、山毛榉、樱桃树、山胡桃树、橡木……每一种木头熏制出来的腌肉，其味道都不同，行家一吃即可分辨出来。

培根是西餐厨师烹调中使用较为广泛的肉制品，根据其制作原料和加工方法不同主要有以下几种。

1. 五花培根

五花培根，也称美式培根，是将猪五花肉切成薄片，用盐、亚硝酸钠或硝酸钠、香料等腌制、风干、熏制而成。

2. 外脊培根

外脊培根，也称"加拿大腌肉"，是用纯瘦的猪外脊肉经腌制、风干、熏制而成，口味近似于火腿。不过，加拿大腌肉实际上是美国出产的，或者说，"加拿大腌肉"是美国最好卖的背部熏肉。

3. 爱尔兰式培根

爱尔兰式培根是用带肥膘的猪外脊肉经腌制、风干加工制成的，这种培根不用烟熏处理，肉质鲜嫩。

4. 意大利培根

意大利培根由意大利文翻译得来，是将猪腹部肥瘦相间的肉用盐和特殊的调味汁等腌渍后，将其卷成圆桶状，再经风干处理后，切成圆片制成的。意大利培根也不用烟熏处理。

5. 咸猪肥膘

咸猪肥膘是用干腌法腌制而成，其加工方法是将规整的肥膘肉均匀地切上刀口，再搓上食盐，腌制而成。咸猪肉可直接煎食，还可切成细条，嵌入用于焖、烤等肉质较瘦的大块肉中，以补充其油脂。

西式早餐的培根情结

对于中国人来说，培根并不是常食之物。但对一些常在酒店享用自助早餐的人来说，几片薄薄的培根却是食肉族们的不二之选，那有点硬的韧韧的口感，带着烟熏的浓烈香味，咀嚼在口中，会让唾液的分泌速度瞬间加快，在清早给人注入兴奋的力量……或许这种关于早餐的情结，印证了培根是西式早餐中不可缺少的头盘的道理。

腌肉最常见的处理方法，是将其切成薄片，放在锅内烤或油煎，既可单独食用，也可配上其他食材，做成味道浓郁的各色美味。譬如，可制成腌肉三明治，搭配新鲜的蔬菜和鸡蛋，再配上一杯香浓的咖啡，就成为一顿可口的西式简餐。而培根金针卷、培根拌沙拉、芦笋烤培根等也都是不错的菜品。除此之外，浓香口味的培根奶油蘑菇汤也是不少人挚爱的西式浓汤。

模块 13 在线练习

模块 14
西餐切肉房常用原料

星级酒店切肉房厨师招聘启事

以下是上海五星级大酒店的切肉房（也叫"备餐厨房"）招聘肉房厨师（Butchery）的职位描述：

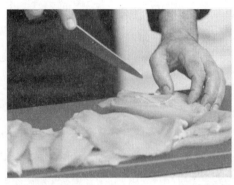
● 切肉房

（1）协助挑选供应商并购买肉类；按照程序完成工作及填写检查单，及时高效地订购和申请用品和存货等。

（2）根据不同要求，切配各种肉类和蔬菜，确保肉类、鱼类等各种原料的食品安全和存储质量。

（3）严格执行食品分摊政策，使浪费率保持在最低程度并将食品成本控制在预测成本范围内。

（4）保证食品准备区的卫生标准达到国家和地方卫生局的检查标准，并符合酒店的要求。

（5）确保所有屠宰设备包括案板、磨刀器等处于正常工作状态，任何食品加工设备一旦出现故障，应及时报告。

💡 想一想

（1）从肉房厨师的职位描述中可以看出其接触到的最多的原料是哪类？（答案提示：最多的是肉类原料）

（2）在烹饪原料知识方面肉房厨师应掌握哪些内容？（答案提示：原料的品质鉴定、储存保管、切配及初加工等）

简而言之，切肉房的主要职能就是集中、科学、有计划地请购各种原料，再配合库存，按照各厨房原料的具体用途、各厨房菜品的特点及档次要求，分档取料，有效保存并高效分配，最大限度地发挥原料应有的作用，有效地解决各一线厨房担心原料不足的后顾之忧。

可见，肉房厨师对于原料的种类，特别是肉类及肉制品的品质鉴定、储存保管、切配及初加工等知识内容应有全面的了解和掌握，只有这样才能有效发挥其岗位职能作用，为其他厨房岗位提供服务，使酒店后厨团队协调、稳定地开展各项工作。

49
知识点 西餐切肉房常用家畜肉类原料概述

家畜肉类原料
中英对照表

词汇在线

（一）常用家畜肉类原料的分类

西餐烹调中使用的肉类原料主要分为鲜肉、冷却肉、冻肉及肉制品。

1. 鲜肉（Fresh Meat）

鲜肉是动物经屠宰后未经任何加工处理的新鲜肉品，如猪肉、牛肉、羔羊肉和小牛肉等。

由于动物肉类会将多种已知疾病带给人体，引起人畜患病，所以必须经兽医卫生部门检验，鲜肉方可以进入销售流通环节。肉类的卫生检验一般可分为感官检验、理化检验和微生物学检验，主要检验肉品中是否有寄生虫、化学物质污染和以微生物为主要因素的腐败变质等。经兽医卫生部门检验过的鲜肉应有检验的标准或印章。

鲜肉的基本特点是外观、色泽和气味都正常，外层常有稍带干燥的"皮膜"，皮膜一般呈浅玫瑰红或淡红色。鲜肉潮湿而无黏性，具有各种动物肉品的特有光泽，肉汁透明，肉质紧密，富有弹性，用手指按压后立即复原，无臭味而具有动物肉品独特的自然香味。

动物的品种、性别、年龄，以及鲜肉的部位、肥度和结缔组织的分布状态等对于肉质的影响比较大，其主要差异表现为：母畜的肉比公畜的肉柔软，风味优良；青壮年的动物肉比幼龄或老龄的动物肉风味优良；脂肪夹杂多的肉比夹杂少的肉的风味优良；结缔组织分布少的比分布多的肉质柔软，风味优良。

依照动物躯体的外观、重量、年龄、脂肪厚度、肉和脂肪颜色以及骨骼的状态，可将鲜肉分为若干等级。

（1）特级。肉的品质最好，纹理细腻。

（2）一级。肉质鲜嫩、多汁，纹理较好，品质稍次于特级肉。

（3）优良、标准级。品质较好，风味一般，纹理稍差，脂肪含量少。

（4）普通级。产于成年动物，风味良好，肉质稍差，烹饪时间较长。

（5）经济级。肉的品质一般，符合卫生标准，主要适用于肉类制品。

鲜肉最好能及时使用，避免因储存太久造成营养素及肉汁损失。同时，要防止因微生物生长而引起鲜度降低，甚至发生腐败变质。如暂时不用，应该按部位分卸，存入冰箱或冷库。

2. 冻肉（Frozen Meat）

冻肉，是将屠宰后动物的胴体进行深度冷却处理，使肉中的大部分汁液冻结成冰。由于冷冻时其汁液已变成冰，阻碍了微生物的生长发育，就延长了储存的期限。

冻肉如暂时不使用，可不解冻而应及时存放于冷库中，冷库温度为 –18℃ ~ –15℃。食用时先解冻，否则将影响烹调效果。

冻肉的解冻方法主要有空气解冻法、流水解冻法、水泡解冻法和高频解冻法等。冻肉解冻的基本原则是缓慢解冻，这样可以使冻结的汁液重新吸收到肉组织中去，从而减少营养成分的损失，同时也能尽可能保持肉汁的鲜嫩。

冻肉解冻的方法有以下几种：

● 冻肉

（1）空气解冻法。将冻肉置放在4℃~6℃室温下解冻。这种方法时间较长，但肉中的水分及营养成分损失较少。

（2）流水解冻法。冻结的食品急需食用时，可用流水解冻。因为水的传热性能比空气好，可缩短解冻时间。但应注意的是，冻结食品不宜与水直接接触，应带有密封包装，如密封盒、密封食品袋等，否则，食品的营养素会被流水冲走，使得食品味道变差。

（3）水泡解冻法。即将冻肉放入冷水中，有人甚至放入热水中浸泡解冻。这种方法传热快，时间较短。但解冻后肉的营养成分损失较多，肉的鲜嫩程度降低。此法虽简单易行，但不宜采用。

（4）高频解冻法。高频解冻法最常用的是微波解冻法。利用微波炉的电磁波使冻结食品中的水分子以极高的速度旋转、相互振动、摩擦、碰撞产生大量的热能，使冻结的食品从里到外同时发热，缩短了解冻时间。使用这种方法解冻比较方便。

3. 冷却肉（Chilled Meat）

● 冷鲜肉

冷却肉，又称"排酸肉"（Aged Meat），准确地讲，冷却肉应叫作"冷却排酸肉"，它是鲜肉经冻结点以上温度处理后，使肉品不结冰、不冻结，内部的温度接近零度。通常肉制品深处的温度可降到 −1℃ ~0℃。

刚刚宰杀的家畜的肉中含有大量的乳酸，如果不排出它们，会影响肉的口味和营养。排酸肉由于经历了较为充分的解僵过程，其肉质柔软有弹性，好熟易烂，口感细腻、味道鲜美，更利于人体吸收。早在 20 世纪 60 年代，发达国家即开始了对排酸肉的研究与推广，如今，排酸肉在发达国家几乎达到了 100% 的市场占有率。

经冷却处理的肉，其表面形成一种干燥膜，从而阻止了微生物的生长，延长了保存时间。冷却肉比鲜肉颜色更深，常呈棕红色和深红色，肉质变硬，表面形成干燥膜。由于水分蒸发，重量损失较大，但易成形切片。冷却肉无论是香味、外观还是营养价值都很少变化。冷却肉一般应及时使用，以确保肉品质量。如果暂时不用，可存放于 0℃ ~4℃冰箱或冷柜中。

4. 肉制品

肉制品是利用动物肉类原料，辅以一定的调料，通过工业化加工而制成的肉类产品。由于大多数肉制品耐储存，食用方便，且具有独特的风味和口感，所以在西餐烹调中广为应用。

根据肉制品加工原料与方法不同，可将西式肉制品分为香肠、火腿和培根三大类，各类又可分为很多品

● 肉制品

种。最常见的肉制品有熏肉（熏猪肉、熏牛肉和熏火腿）、烤肉、腌肉（腌牛肉、腌猪后腿等）、肠类制品（色拉米香肠、维也纳肠和直布罗陀肠、法兰克福肠等）。

在选购时应注意以下两点：一是看包装。产品要密封，无破损。最好不要购买散装肉制品。二要看标签和生产日期，应尽量挑选新近生产的产品，产品包装上应标明品名、厂名、厂址、生产日期、保质期、执行的产品标准、配料表、净含量等。

烹饪时可直接应用肉制品，既方便又省事。在肉制品中，用量最大的是火腿和培根。

（二）常用家畜肉类原料的保管

新鲜肉品极易变质，较难保管，目前多采用低温保管法。在低温环境下，微生物生长缓慢。实验表明：某些微生物在2℃以下代谢几乎停止。但是，当温度增高时，它们又会重新恢复代谢。只有在 −12℃以下的环境中，才能使肉保存较长时间。若随购随用，保存期较短，只需0℃左右的冷藏设备即可。

1. 猪肉的保管

在夏、秋季购进的新鲜猪肉应先用冷水刷洗，去掉皮上的污物、黏膜，置于通风处，待温度与室温接近时，放入冰箱（柜）。冬、春季购进鲜肉时，由于气温较低，不需要低温保管。为了防止冷冻时肉内形成冰晶核，破坏细胞结构以及解冻过程中有大量营养物质外溢，应采用急速冰冻和缓慢解冻的方法。如果用温水或热水解冻，解冻后的组织液体难以被细胞吸收，导致汁液流失从而会影响肉的鲜味。如果在太阳下暴晒，肉体表面又会形成硬膜。正确的方法是将冷冻肉挂于10℃~15℃的通风环境中，使其自然解冻，但要注意防尘防蝇。冬季，冻肉很难解冻，则可放入冷水内浸泡，待冰融化后即可使用。

2. 牛肉的保管

牛肉的腐败变质一般是从表面开始再向内部发展的，这种现象易被感官发现。夏天购进牛肉时可放入冰箱中，但时间不宜超过3天。冬季购进牛肉时应刷洗去污，便可保存一段时间，也可放入冰箱，随用随取。

3. 羊肉的保管

羊肉的保管方法同牛肉。但羊肉变质一般由内部开始，不易被人发现。因此，在放入冰箱前必须将肉晾干、晾透，才不致影响肉质。

4. 肉制品的保管

肉制品一次购买量不宜过多。已开封的肉制品一定要密封，看清储存温度要求，尤其是夏季高温季节更应科学保管，最好在冰箱中冷藏保存，并尽快食用。如将火腿放入冰箱低温储存，其中的水分就会结冰，脂肪析出，肌肉结块或松散，肉质变味，极易腐败，所以应将其保存在阴凉干燥的地方，避免日光照射。日光中的红外线和紫外线会使火腿脱水，质地变硬，引起变色、变味，产生哈喇味，甚至腐败而不能食用。

（三）西餐常用家畜肉类原料的主要品种

1. 猪的主要品种

猪种主要分为黑毛猪和白毛猪，我国产的猪大都为黑毛猪和杂毛猪，如太湖猪、北京黑猪、广东花猪、内江猪和金华猪等。国产猪的主要特点是耳大、皮厚、毛孔粗，弯腰拖肚，生长较缓慢，成长率低，每头猪体重一般为120~150千克。国外进口猪大都是白毛猪，其基本特点是皮白、毛孔细，弯腰拖肚，生长快，成长率高，一般每头猪体重可达250~300千克。西餐烹调时多选用白毛皮薄猪的肉。

在屠宰加工生猪时应严格执行卫生检验标准，用猪肉烹调时火候一定要够，防止其传播疾病。在使用猪肉时，大多先分割，后成型，再烹调。如果要整只烹调，只能使用乳猪，一般它的生长期为2月龄以下，体重5~7千克。肉用猪的理想体重为100~120千克，生长期为6~10个月。

2. 牛的主要品种

● 水牛肉

● 黄牛肉

牛肉常分为黄牛肉和水牛肉两种。黄牛肉色泽鲜红，脂肪黄白，烹饪处理后肉鲜嫩、味芳香，且汤汁清亮。水牛肉色泽深红、肌纤维略粗糙，脂肪白色，烹调后鲜味一般，汤汁不清。因此，在西餐烹饪中常选用黄牛肉。我国产的黄牛品种较多，常见的有秦川牛、山东牛（鲁西黄牛）、南阳牛、蒙古牛和华南黄牛等。

牛肉是西餐烹调中最常用的原料。西餐对牛肉原料的选用非常讲究，主要以肉用牛的牛肉作为烹调原料。目前已培养出了很多品质优良的肉用牛品种，如法国的夏洛莱牛、利木赞牛，瑞士的西门答尔牛，美国的安格斯牛等。这些肉用牛出肉率高、肉质鲜嫩、品质优良，现已被引入世界各地广泛饲养。美国、澳大利亚、德国、新西兰、阿根廷等国均为牛肉生产大国。由于各地区饲养的肉用牛品种、饲养方法及饲料不同，所以牛肉的质量、口味等也不尽相同。品质上乘的牛肉主要有日本神户牛肉和美国安格斯牛肉，其次是阿根廷牛肉、澳大利亚牛肉和新西兰牛肉等。其中，日本神户牛肉更是以其柔嫩和丰富的味道闻名于世，它肉质细腻，纹理清晰，红白分明，肥瘦相间。

肉用牛一般生长期在 2~3 年时肉质最好，其肌体饱满、肌肉紧实、细嫩，皮下脂肪和肌间脂肪较多。营养状况良好的牛，牛肉呈深红色，组织紧密，硬而有弹性，肉组织间夹杂着白色的脂肪，形成"大理石"状结构。

根据年龄，可将牛肉分为成年牛肉和小牛肉两种。小牛肉（Veal）又称"牛仔肉""牛犊肉"，其营养价值远远高于普通牛肉。

其中，饲养 3~5 月龄的又称为乳牛肉或白牛肉（Bobby Veal），由于此时小牛尚未断奶，其肉质更是细嫩、柔软，而且汁液充足，脂肪少，富含乳香味。在西餐中被认为是牛肉中的最上品，用途很广，煎、炒、烤、焖均可。

饲养 5~10 月龄的称为小牛肉或牛仔肉（Veal）。小牛肉肉质细嫩、柔软，脂肪少，味道清淡，是一种高蛋白、低脂肪的优质原料，在西餐烹调中应用广泛，尤其是意式菜、法式菜更是如此。小牛除了部分内脏外，其余大部分部位都可以作为厨师的烹调原料。牛核是小牛喉管两边的胰腺，随着小牛的长大会慢慢消失，成年后将彻底消失，被视为西餐烹调中的名贵原料；小牛里脊除适宜煎炒外，更适合做炭烤里脊串；小牛的后腿除用于煎、炒、焖、烩外，还可以做烤小牛腿；小牛的脖颈肉和腱子肉可以煮着吃，清爽不腻，十分美味，这些用途都是一般牛肉不能比拟的。

天价"日本神户牛肉"的内幕

北京、上海、广州等大城市的高级日本料理店里，"神户牛肉"有"喝啤酒长大""饿了吃药膳，累了做按摩""口感鲜美，肉质入口即化"等宣传噱头，令人咋舌的是其高价，薄薄几片，就要收几百元。许多食客并不知道，这些昂贵的"神户牛肉"很有可能是假冒或走私的。据悉，上海日本料理店供应的日本牛肉每500克1000多元。若按照目前市场上国产牛肉每500克20元左右的价格来看，国内牛肉的进价和进口价相差数十倍，纯属暴利。

● 神户牛肉

正是因为日本牛肉名声在外，身价高，国内大城市的一些日本料理店便在利益驱动下，才将国产牛肉或者其他地方的进口牛肉"包装"成日本货，以此牟利。所以，食客们切勿听信一些商家的自吹自擂，盲目消费。

3. 羊的主要品种

在西餐烹调中，羊肉的应用仅次于牛肉。羊又有羔羊和成羊之分。羔羊是指生长期为3~12个月的羊，其中没有食过草的羔羊又被称为乳羊。成羊是指生长期在1年以上的羊。西餐烹调中主要以羔羊肉为主。羊的种类很多，其品种类型主要有绵羊、山羊和肉用羊等，其中，肉用羊的品质最佳。肉用羊大都是用绵羊培育而成，其体形大，生长发育快，产肉性能高，肉质细嫩，肌间脂肪多，切面呈大理石花纹状，其肉用价值高于其他品种。其中较著名的品种有无角多赛特、萨福克、德克塞尔及德国美利奴、夏洛莱等肉用绵羊。澳大利亚、新西兰等国是世界主要的肉用羊生产国。

从肉质上看，绵羊肉质坚实，颜色暗红，肉质纤维细软，肌间很少夹杂脂肪。育肥羊肌肉中夹有少量的纯白色脂肪，硬而脆，膻味较小，品质优良。山羊肉的色泽比绵羊肉浅，呈淡淡的暗红色，肉质坚实，皮下脂肪少，腹部脂肪较多。山羊的肌肉与脂肪有较重的膻味，肉质不如绵羊。目前我国市场供应主要以绵羊肉为主，山羊肉因其膻味较大，故相对较少。

从饲养上看，育肥羊的肉质最佳，其脊背宽大，肉质充实，出肉率高。瘦羊肉质差，肌肉不充实，骨骼突出，出肉率低。在各种羊中，以母羊肉质较好，阉羊次之，公羊肉质最差，膻味也最大。

50
知识点 西餐切肉房常用家禽肉类原料概述

家禽肉类原料
中英对照表

（一）家禽肉的分类及品质鉴定

词汇在线

家禽肉质比较软嫩鲜美，含有丰富的蛋白质、维生素及无机盐，是一种很好的菜肴原料。西餐烹调中常用的家禽主要有鸡、鸭、鹅、火鸡、珍珠鸡、鸽子、鹌鹑等，根据其肉色又可分为白色家禽肉、红色家禽肉两类。肉色为白色的家禽主要有鸡、火鸡等，肉色为红色的家禽主要有鸭子、鹅、鸽子、珍珠鸡等。

对家禽肉的品质鉴定主要采用感官检验的方法，从其嘴部、眼部、皮肤、脂肪、肌肉、汤色等几个方面，检验其新鲜与否。新鲜禽肉嘴部有光泽，干燥有弹性，无异味；眼球充满整个眼窝，角膜有光泽；皮肤呈淡白色，表面干燥，有该家禽特有的新鲜气味；脂肪白色略带有淡黄，有光泽无异味；肌肉结实而有弹性，鸡肉呈玫瑰色，有光泽，胸肌为白色或淡玫瑰色，鸭、鹅的肌肉为红色，幼禽有光亮的玫瑰色；稍湿不黏，有特殊的香味；肉汤透明，芳香，表面有大的脂肪滴。

1. 鸡类（Chicken）

鸡是西餐烹调中最常用的家禽类原料。鸡的分类方法很多，按其用途一般可分为蛋用型、肉用型、兼用型等。在西餐烹调中一般多选用肉用型鸡作为烹调原料，其优良品种有美国的白洛克鸡、英国的科尼什鸡、德国的罗曼肉鸡等。

在西餐烹调中，将作为烹调原料的鸡分为三类。

（1）雏鸡（Chick）。雏鸡是指生长期在1个月左右，体重约200~500克的小鸡。雏鸡肉虽少，但肉质鲜嫩，适宜整只烧烤、铁扒等。

（2）春鸡（Spring Chicken）。春鸡又名"童子鸡"，是指生长期两个半月左右，体重约 500~1250 克的鸡。春鸡肉质鲜嫩，口味鲜美，适宜烧烤、铁扒、煎、炸等。

● 鸡类

（3）阉鸡（Capon）。阉鸡又称"熟鸡""线鸡"，就是通过外科手术摘除了睾丸的公鸡。阉鸡在我国华南地区已有 3000 多年的历史，意大利、法国、土耳其、美国、加拿大等 100 多个国家和地区，都有养殖阉鸡和消费阉鸡的习惯。阉鸡的生长期在 3~5 个月，用专门饲料喂养，体重约在 1500~2500 克。阉鸡肉质鲜嫩，油脂丰满，水分充足，适宜煎、炸、烩、焖等。

（4）老鸡（Old Chicken）。除上述三种鸡外，还有部分生长期在 5 个月以上或一年以上的鸡，统称为老鸡。老鸡纤维较粗，肉质较硬，在西餐烹调中一般不作为食用原料，但因其富含"含氮浸出物"，鲜香味足，所以适宜煮汤。

肉、禽类在水中煮时，溶于水中的含氮物质称为"含氮浸出物"，主要包括核苷酸、嘌呤碱、肌酸、肌酐、氨基酸、肽类等，它们是肉中香气的主要成分，一般成年动物含量高于幼年动物。

2. 鸭类（Duck）

家鸭是由野生鸭驯化而来，历史悠久。从其主要用途看，可分为羽绒型、蛋用型、肉用型等品种。西餐烹调中主要使用肉用型鸭作为烹调原料。肉用型鸭饲养期一般在 40~50 天，体重可达 2.5~3.5 千克。

鸭肉的肉质虽较鸡肉粗糙，但有其特有的香味，故有"鸡鲜鸭香"之说。
● 鸭类

鸭的出肉率约占躯体重量的 75%，到中秋前后鸭体肥壮丰满，此时最宜食用。烹制时，嫩鸭宜炸、蒸、烧、烤、炒、爆、卤；老鸭宜蒸、炖、煨、烧、制汤等。烹制时要注意去除异味，增加鲜味。

3. 鹅类（Goose）

● 鹅类

鹅在世界范围内普遍饲养，从其主要用途看，可分为羽绒型、蛋用型、肉用型、肥肝用型等。与西餐烹调有关的主要是肉用型和肥肝用型鹅。肉用型鹅生长期不超过 1 年，又有仔鹅和成鹅之分。仔鹅是指饲养期为 2~3 个月、体重在 2~3 千克的鹅。成鹅是指饲养期在 5 个月以上、体重为 5~6 千克的鹅。

鹅与鸭的特性类似，但肉质较鸭稍粗糙，出肉率占躯体重量的 80% 左右。烹制方法基本与鸭同，尤以烧烤、腌熏、卤制为宜。

4. 火鸡类（Turkey）

火鸡原产于北美，最初为墨西哥的印第安人所驯养，是一种体形较大的家禽。因其发情时头部及颈部的褶皱皮变得火红，故称"火鸡"。

火鸡的种类较多，有青铜火鸡、荷兰白火鸡、波朋火鸡、那拉根塞火鸡、黑火鸡、石板青火鸡、贝兹维尔火鸡等。西餐作为烹调原料使用的主要是肉用型

● 火鸡类

火鸡，如美国的尼古拉火鸡、加拿大的海布里德白钻石火鸡、法国的贝蒂纳火鸡等。

5. 鸽类（Pigeon）

● 鸽类

鸽子又称"家鸽"，由岩鸽驯化而来。经长期选育，目前全球鸽子的品种已达 1500 多种，按其用途可分为信鸽、观赏鸽和肉鸽。西餐烹调中主要以肉鸽作为烹调原料。肉用鸽体形较大，一般雄鸽可重达 500~1000 克，雌鸽也可达 400~600 克。其中较为著名的品种主要有白羽王鸽、普列斯肉鸽、蒙丹鸽、贺姆鸽、卡奴鸽、石岐鸽等。肉用菜鸽鸽体

较大，肉质细嫩，鲜香味美，富有营养，是很好的滋补品，常用于筵席。烹制时宜蒸、烤、卤、炸等。

（二）禽肉的保管方法

宰杀后的禽肉，应先于 –35℃~–22℃及相对湿度为 85%~90% 的条件下冷冻，经过 24~48 小时，再于 –20℃~–15℃及相对湿度为 90% 的条件下冷藏。禽肉深部温度保持在 –6℃以下，可保存 6 个月；深部温度在 –14℃以下，可保存 1 年以上。

饮食业使用的禽肉，数量较少的使用电冰箱冷藏，温度保持在 –4℃，可保存一星期左右；若用普通冰箱，只能保存 2~3 天。冷藏时注意不能接触冰块，尽可能采用悬挂的方式。

51
知识点 西餐切肉房常用水产品类原料概述

（一）水产品的分类

水产品分布广，品种多，营养丰富，口味鲜美，是人类所需动物蛋白质的重要来源。水产类原料的特点是水分充足，味道鲜美；在烹调时水分损失较少，用各种海味烹制的菜肴肉质松软，易于消化，深受人们的欢迎。鲜活水产品主要分为鱼、虾、蟹、贝四大类。

1. 鱼类

鱼类菜肴一般作为西餐的第三道菜，也称为副菜。品种包括各种淡水鱼类、海水鱼类。因为鱼类等菜肴的肉质鲜嫩，比较容易消化，所以放在肉类菜肴的前面出菜。在水产原料中，鱼类的品种是最多的，按其生活习性和栖息环境的不同，又可分为海水鱼和淡水鱼两类。

● 鱼类

（1）淡水鱼类。是指主要生活在江河湖泊等淡水环境中的鱼类。在我国，主要分布在珠江水系、长江水系、松花江水系。品种较海水鱼少，约有800种，其中不少品种可人工养殖。淡水鱼类一般没有洄游习性，但有些品种原生活在海洋，往往洄游于江湖，并在江河被捕获，如鲥鱼、刀鱼、梭鱼等。西餐中淡水鱼的使用相对较少，常用的品种主要有鳟鱼、鳜鱼、河鲈鱼、鲤鱼等。

（2）海洋鱼类。是指生活在海水中的各种鱼类。海产鱼品种极其丰富，有1700种之多，分布在世界各大海洋中，并具有洄游的习性。洄游是鱼在一定时间内向一定方向集体迁移的一种现象，可分生长洄游和生殖洄游。由于鱼的洄游，形成了鱼的捕捞汛期。所以，海产鱼类一般具有较强的季节性。西餐烹调中常用的海水鱼主要有比目鱼、鳕鱼、鲱鱼、鲑鱼、凤尾鱼、金枪鱼、海鲈鱼、海鳗、沙丁鱼等。

（3）比目鱼类。比目鱼类是世界上重要的经济海产鱼类之一，主要生活在大部分海洋的底层。比目鱼体侧扁，头小，两眼长在同一侧，有眼的一侧大都呈褐色，无眼的一侧呈灰白色，鳞细小。比目鱼的品种很多，西餐烹调中常用的比目鱼主要有牙鲆鱼、鲽鱼、舌鳎等。

2. 虾蟹类

● 虾类　　　　　　　　　　　　　　● 蟹类

虾蟹类也叫"甲壳类"。西餐烹调中常用的甲壳类主要有：虾类有澳洲和新西兰大龙虾、中国台湾草虾、竹节虾、沼虾、河虾等；蟹类有中华绒螯蟹、美国帝王蟹、皇帝蟹、膏蟹等。

3. 贝类及软体类

贝类有加拿大象鼻蚌、蛏、蚝、蛤等。软体类中唯一不是水里产出的就是鼎鼎有名的蜗牛。除此之外，西餐烹调中常用的软体类水产品还有：鱿鱼、墨鱼及八爪鱼等。

● 贝类

（二）水产品的品质鉴定

新鲜鱼类的鱼鳃色泽鲜红或粉红（海鱼鱼鳃色紫或紫红），鳃盖紧闭，黏液较少呈透明状，无异味；鱼眼澄清而透明，向外稍稍凸出，黑白分明，没有充血发红的现象。鱼皮表面黏液较少，且透亮清洁。鳞片完整并有光泽，腹部不膨胀，腹色正常。鱼嘴紧闭，色泽正常。鱼肉组织紧密有弹性，肋骨与脊骨处的鱼肉结实，不脱刺。

新鲜虾头尾完整，爪须齐全，有一定的弯曲度，壳硬度较高，虾身较挺，虾皮色泽发亮，呈青绿色或青白色，肉质坚实细嫩。不新鲜的虾头尾容易脱落，不能保持原有的弯曲度，虾皮壳发暗，色度为红色或灰红色，肉质松软。

新鲜蟹身体完整，腿肉坚实，肥壮有力，用手捏有硬感，脐部饱满，分量较重。外壳青色泛亮，腹部发白，团脐有蟹黄，肉质新鲜。好的河蟹动作灵活，翻过来能很快翻转过去，能不断吐沫并没有响声。海蟹腿关节有弹性。不新鲜的蟹腿肉空松，分量较轻，壳背呈暗红色，肉质松软。河蟹行动迟缓不活泼，海蟹腿关节僵硬。

（三）水产品的保管

1. 活养法

活养法主要是指水养活鱼等水产品。一般以清水（或人造海水）活养，适时换水，并要不断充氧，保持水质清洁。这样可使肉质结实，又能促使某些鱼类吐出消化系统中的污物，减轻泥土味。活养活蟹时必须绑紧其螯钳，限制其活动，防止消瘦，也要适当通风，防止闷热，还可适当洒些清水。

2. 低温法

低温保鲜是用于水产品保鲜的最普通的方法。根据保藏温度的不同可分为四类，即冷藏、冷却、微冻和冷冻保鲜。

● 水产品撒冰法

（1）冷藏保鲜。对非活鱼的保鲜，一般采用冷藏法。但冷藏必须及时，尤其夏天要进货即藏。在放入冰柜、冰箱或冷藏室之前，必须把鱼体洗净，并除去内脏。属冰冻的鱼类，必须在未解冻时从速进行冷藏。用冷藏法，虽然水产品的组织结构未受破坏，但对于虾、蟹、墨鱼之类的软体类或甲壳类水产品来说，由于其肉质中存在蛋白酶，在保存过程中肉质会出现白浊现象，使风味变差，肉质变软，同时由于保存温度较高，微生物繁殖难以抑制，因此保鲜期不过3天。

（2）冷却保鲜。温度在0℃~4℃，主要有撒冰法和水冰法两种。撒冰法是将碎冰直接撒到鱼体表面的保鲜方法，融冰水又可清洗鱼体表面，除去细菌和黏液，且失重小；水冰法是先用冰将清水温度降低至0℃，清海水温度为-1℃，然后把鱼类浸泡在冰水中，待鱼体冷却到0℃时即取出，改用撒冰法保存。此法一般用于死后僵硬快或捕获量大的鱼，优点为冷却速度快。

（3）微冻保鲜。微冻保鲜主要有冰盐混合微冻法和低温盐水微冻法，目前应用于生产的尚不多。

（4）冷冻保鲜。冷冻时所采用的温度较低（-25℃~-5℃）。在冷冻过程中，由于水产品内部水分形成冰颗粒，体积膨胀，组织结构遭破坏，发生冷冻变性；解冻后其内部水分析出，从而使表面干燥、肉质劣化、食感变差。

把好验收关，有效控制成本

对于直接进厨房的原材料，每日都要由厨房专门的验收人员按照采购订单与报价对原料的数量、质量标准进行验收把关。验收人员应具备丰富的原材料知识，懂烹饪、识原料、善鉴别。且需要定期走访市场，掌握第一手信息。在验收人员的选用上，要求具备良好的职业道德素质，诚实、精明、细心、秉公办事。

验收人要做到"三个不收"：对于超量进货、质量低劣、规格不符的不收；未经批准采购的物品不收；对于价格和数量与采购单上不符的不收。

每日验收要有餐饮部人员参与。验货结束后验收员要填写验收凭证，如果以后发现质量问题，第一责任人要承担责任。

对于一些贵重的物品，应该建立标签制，并由管事组专人管理。如燕窝、鲍鱼等，不仅要有重量，还要记录只数，量、份控制。对于一些贵重的海鲜，如龙虾、象鼻蚌等，也要记录只数，以便财务核算和控制成本。

模块 14 在线练习

模块 15
西餐热厨房常用原料

扒房及其后厨团队简介

扒房（Steak House）是五星级酒店必须设立的一个餐厅，是全酒店最高档的餐厅，要有一流的服务（法式服务）和最高级的食物。

法餐后厨的厨师团队像一支训练有素的军队，人员基本构成（主要职责）如下：厨师主管、蔬菜厨师（蔬菜、意粉、汤、蛋）、食材管理厨师（采买、储藏）、甜点厨师（点心、面食）、水产厨师（鱼、虾、蟹、海鲜）、烧烤厨师（炸、烧、烤）、调味汁厨师（所有调味酱汁），甚至还有专门的员工餐厨师等，各司其职，井井有条。

● 扒房

 想一想

（1）你认为后厨队伍分工如此细致，对于厨师有效地发挥特长、出色地完成精美的菜品有没有关系？

（2）仔细分析分工不同的厨师所负责的原材料有哪些类别上的区别。

对烹饪原料的选择和使用也是一门技术，它是烹饪技术的重要组成部分，并与烹饪的其他技艺相辅相成。

要做到合理选料，必须熟悉各种原料的产地、产季和性质特点，掌握它们最佳的使用时间、使用范围和使用方法。掌握各种烹饪食品所使用原料的质量要求和不同质量的原料对烹饪质量的影响，真正做到因菜选料、因料烹饪，使烹饪的食品达到完美的境地。

52

肉禽鱼虾蟹贝类原料
中英对照表

知识点 西餐热厨房常用肉禽鱼虾蟹贝类原料

（一）西餐热厨房常用家畜肉类原料

词汇在线

家畜类菜肴在西餐中也被称为主菜。肉类菜肴的原料取自牛、羊、猪、小牛仔等各个部位的肉，其中最有代表性的是牛肉或牛排。牛排按其部位又可分为沙朗牛排（也称西冷牛排）、菲利牛排、T骨牛排等，其常用烹调方法有烤、煎、铁扒等。

1. 猪头肉（Pork Head）

猪头肉皮厚而发黏，肉少而嫩，无筋膜、韧带，富胶质，肥而不腻，耳骨脆而可食。多用于酱、扒、烧，如"酱猪头肉""红扒猪头"等。

2. 猪舌（Pork Tongues）与牛舌（Beef Tongues）

猪舌肉质坚实，无骨，无筋膜、韧带，熟后无纤维质感。猪舌可用于酱、烧、烩，如"酱猪舌""红烧舌片""烧杂烩"等。某些市场卖的猪舌立即可食，生的、烟熏的或粗盐腌的猪舌也常常可以买到，煮后不论热用冷食、加不加调味料都不错。盐腌猪舌通常是挤过汁的，煮熟切片，一般采用冷食的方式。生猪舌可加葡萄酒炖煮后食用。

● 猪舌

一个牛舌通常重达1500~2000克，其肉质较硬并含有少量的脂肪和筋膜；表皮有层粗糙的厚皮，不可食用，烹调前须剥除。牛舌分舌根和舌尖，舌根处肉质较软，舌尖则硬许多，选购时应挑选舌根较厚的牛舌且以新鲜的为佳。可进行焖、烩，肉味鲜香，口感良好。

● 牛舌

3. 猪颈肉与牛颈肉（Shoulder）

猪颈肉又称"血脖""槽头肉"，在前腿的前部与猪头相连处，是宰猪时的刀口部位，多有污血，肉色发红，肥瘦不分，肉质差，一般用来做馅。

牛颈肉又称"肩胛肉"，是以脑顶骨直线切下，从颈部到肩胛骨之间的肉，筋较多，肉质老硬，品质较差，大多绞碎后制作肉馅等。

4. 猪蹄（Pork Trotters）

猪蹄按前后又分为"猪手、前爪""猪脚、后爪"。猪蹄含有丰富的胶原蛋白，脂肪含量也比肥肉低，并且不含胆固醇。近年在对老年人衰老原因的研究中发现，人体中胶原蛋白质缺乏，是人衰老的一个重要因素。而猪蹄能防治皮肤干瘪起皱，增强皮肤弹性和韧性，对延缓衰老和促进儿童生长发育都

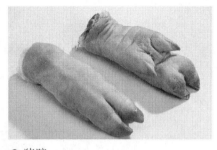

● 猪蹄

具有特殊意义。为此，人们把猪蹄称为"美容食品"和"类似于熊掌的美味佳肴"。

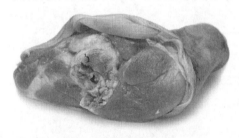

● 肘子

5. 猪蹄髈（Pork Hocks）

猪蹄髈又叫"猪肘子"，位于前后腿下部、猪蹄上方（相当于小腿位置），后蹄髈（Ham Hocks）比前蹄髈（Picnic Hocks）好，肉质丰满、细嫩。其皮厚、筋多、胶质重、瘦肉多，常带皮烹制，肥而不腻。红烧和清炖均可。

6. 猪大排（Pork Loin）与猪小排（Pork Spare Ribs）

猪大排是猪背脊上里脊肉与背脊肉连接的部位，又称为肉排，带着排骨。

猪小排是指猪腹腔靠近肚腩部分的排骨，它的上边是肋排和子排。小排的肉层比较厚，并带有白色软骨。

● 猪大排

● 猪小排

7. 猪尾（Pork Tails）和牛尾（Beef Tails）

猪尾肉少皮多胶质重，多用于烧、卤、酱、烩、炖汤等。

牛尾肉少而硬，筋也很多，长时间煮炖才会软烂。其营养十分丰富，风味鲜美。常用于烹煮汤式料理，适宜于做汤、红烩等。

● 猪尾

● 牛尾

8. 猪上脑与牛上脑（Chuck）

猪上脑肉是背部靠近脖子（后颈部位）的肉，肉质细嫩，瘦中带肥，特别适于制作炖肉及粉蒸肉。

牛上脑是指位于颈部上侧牛头位置到前脊椎（眼肉）上部的肉。这个部位肉质鲜嫩，其肌间脂肪含量较多，风味醇香，可制作上脑肉扒及烩肉。

9. 猪五花肉（Pork Belly）与牛肋条（Beef Rib Fingers）

猪五花肉是位于肋条部位肘骨的肉，是一层肥肉、一层瘦肉夹起来的，在夹心肉部分还有小排骨（又名肋条骨）。该部位筋多肉老，水分含量少，吸水率大，适合于做肉馅和肉丸等。

● 五花肉

● 牛腩

牛肋条与牛腩常统称为"牛腩肉"。牛肋条位于牛胸部的肋骨处，肋条肉质较老，肥瘦相间，常可制作各种焖肉。牛腩位于牛腹部，肉质呈五花三层，精肉和脂肪交替，筋腱多呈扁平状，适合清炖、红烧，也常用来制肉馅。

10. 猪前腿肉（Pork Picnic Shoulder）及后腿肉（Pork Ham）

前腿肉又称"夹心肉"，位于前腿上部，半肥半瘦，肉老筋多，吸收水分能力较强，胶质含量多，适于做馅和肉丸子。

后腿肉又叫"弹子肉"，位于后腿上，均为瘦肉，肉质细嫩、筋少、肌纤维短，出肉率高，适于炒、熘、炸等。

11. 牛前腿肉（Beef Shin）及后腿肉（Beef Shank）

牛前腿肉及后腿肉俗称"牛腱子"，是牛经常活动的部位，故肉质较粗硬、肉筋多、脂肪含量少，不易软化，需长时间烹调方可食用，多用于焖、酱、炖等。

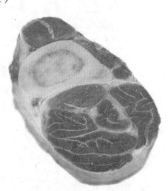

12. 猪臀尖（Pork Rump）及坐臀肉（Pork Butt）

臀尖肉位于臀部的上面，都是瘦肉，肉质鲜嫩，烹调时甚至可用来代替里脊肉。坐臀肉位于后腿上方，臀尖肉下方，全为瘦肉，但肉质较老，纤维较长，一般多在做白切肉或回锅肉时用。

● 牛腱子

13. 牛臀肉（Beef Knuckle）

● 牛臀肉

牛臀肉又称"和尚头"，取自后腿近臀部的肉，外形呈圆滑状，脂肪含量少，口感略涩。"和尚头"属于瘦肉，适合整块烘烤、炭烤、焗。许多平价牛排以这个部位的肉作为主要食材，而随自然肌纹分出的小块部位肉则多用来烤制。烹调前应先行束捆，处理时才不会变形。其余小块部分也常被用来炒肉，或做成沙嗲肉片和串烧。

14. 猪背脊肉（Pork Tenderloin）

猪背脊肉又分外脊和里脊，处在脊背位置。脊背上面的是外脊，贯穿整个脊背，所以又称为"通脊""扁担肉"，是较嫩的瘦肉，其用途广泛，可煎、炸、焖等。里脊位于外脊下侧，是猪脊椎骨内侧的条状嫩肉，

● 猪里脊

呈长条圆形，一头稍细，是猪身上最嫩的肉。

15. 牛腰里脊肉（Beef Tenderloin）

牛腰里脊肉，又称"牛柳"，位于牛的脊背部下方、脊椎骨两侧，一头牛只有两条牛里脊肉。因为这个部位是牛最少运动到的地方，所以肌纤维细软，脂肪含量少，含水量多，是牛肉中最柔软最细嫩的地方。菲力（Fillet）牛排即属于此部位的肉。菲力用来煎、烤最能表现出它肉质细嫩的特色，但熟度最好不要超过五成，因为菲力的脂肪极少，过熟容易老硬，高等级的菲力甚至可用来做生牛肉或鞑靼牛肉。

● 牛里脊肉　　　　　● 菲力牛排　　　　　　　● 牛上里脊肉

16. 牛前腰脊肉（Beef Strip Loin）

牛前腰脊肉主要是由上腰部的脊肉构成，瘦肉多，且肉中夹杂较多的脂肪，红白分明，细嫩肌肉有明显油边，适用于烧烤或做牛排。"沙朗或西冷"（Sirloin）即属于此部位。

西冷（Sirloin）牛排可算是牛排中的经典，由于是牛外脊，在肉的外沿带一圈白色的肉筋，总体口感韧度强、肉质硬、有嚼头。切肉时要连筋带肉一起切，不能煎得过熟，适合年轻人。

● 西冷牛排

17. 牛眼肉（Beef Ribeye）

牛眼肉又称"肋眼肉"。肋骨部位上方连接脊椎部分的肌肉群，去骨后切去肋排所得的肌肉部位就是肋眼。肋眼牛排中间通常会有一块明显的油脂，其他部位均匀分布着油花，如大理石般的纹路一般称被为 marbling，是肋眼品质的评鉴重点。其肉质细嫩度仅次于菲力，脂肪含量适中。它比上脑脂肪多比西冷筋少，多在做牛排、烧烤时使用，可说是最为人们熟悉和喜爱的部位，又称"肉眼牛排"或"肋眼牛排"。

18. 牛小排（Beef Short Ribs）

● 牛眼肉

● 牛小排

牛小排是指前胸肋骨部位的牛肉，取第6到第10段之间的肋骨横切下来的长条状牛排。为方便食用，一般都是已经去骨的。

由于是长在肋骨间的肌肉，肉质鲜美、结实，牛小排都会带有一条筋膜，嚼起来特别香甜，而高等级的牛小排

油脂丰富，且分布平均具有大理石纹，特别适合烧烤。牛小排煎熟后油香四溢，有嚼劲却不老韧，可煎可烤。

19. T骨牛排（T-Bone Steak）

一般位于牛的上腰部，是一块由脊肉、脊骨和里脊肉等构成的大块牛排。按价格来排，T形两侧一边量多一边量少，量多的是肉眼，量稍小的便是菲力。按价格由低到高是：沙朗牛排、菲力牛排、T骨牛排。此种牛排在美式餐厅更常见。

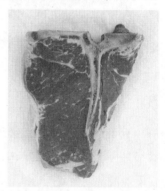

● T骨牛排

20. 羊排（Mutton Chop）

羊排别名"羊肋"，一般是指连着肋骨的肉，外覆一层层薄膜，肥瘦结合，质地松软，适于扒、烧、焖和制馅等。羊排又可细分为羊肋排和羊脊排两部分，其中，第5根肋骨至第12根肋骨两侧各有一扇羊肋排，骨呈长条形，间生肌肉，膘肥肉厚，为羊排中的上品。羊脊排位于羊的脊背处，即第13根肋骨至后腿根部，其骨多肉少，但含有脊髓，口味独特。

● 羊排

（二）西餐热厨房常用家禽肉类原料

1. 火鸡（Turkey）

● 火鸡

火鸡音译名为"吐绶鸡"，又名"七面鸡"。肉用火鸡胸部肌肉发达，腿部肉质丰厚，生长快，出肉率高，低脂肪，低胆固醇，高蛋白，味道鲜美，是西餐烹调中的高档原料，也是欧美许多国家圣诞节、感恩节餐桌上不可缺少的食品。

火鸡在体形上一般有小型火鸡、中型火鸡和重型火鸡之分。小型火鸡体重一般为 3~5 千克，中型火鸡 6~9 千克，重型火鸡 10~15 千克，最重可达 35 千克以上。体形较小、肉质细嫩的火鸡，一般适宜整只烧烤或酿馅等；体形较大、肉质较老的火鸡，适宜烩、焖或去骨制作火鸡肉卷等。

2. 鹅（Goose）与肥鹅肝（Foie Gras）

鹅在西餐烹调中主要用于烧烤、烩、焖等菜肴的制作。

肥肝用型鹅主要是利用其肥大的鹅肝。这类鹅经"填饲"后，肥肝可重达 600 克以上，优质的可达 1000 克左右，其著名的品种主要有法国的朗德鹅、图卢兹鹅等。

肥鹅肝含有丰富的营养物质，是补血佳品；其含有油脂甘味的谷氨酸，故加热时产生诱人香味。在加热至 35℃的时候，其脂肪开始融化，有入口即化之感。

● 鹅肝

肥鹅肝是西餐烹调中的上等原料，欧洲人将鹅肝与鱼子酱、松露并列为"世界三大珍馐"。在法式菜中的应用最为突出，鹅肝酱、鹅肝冻等都是法式菜中的名菜。一般来说，鹅肝酱多用于煎菜，也常与面包一起搭配食用。

目前在市场上的鹅肝酱有铁罐装和玻璃装两种，保质期在 2~3 年，选择时以鹅肝酱中的块越大越结实越好。

3. 鸭（Duck）与鸭胸肉（Duck Breast）

● 鸭

西餐烹调中主要使用肉用型鸭作为烹调原料。肉用型鸭胸部肥厚，肉质鲜嫩。比较著名的肉用型鸭品种主要有美国的美宝鸭，丹麦的海格鸭、力加鸭，澳大利亚的史迪高鸭等。鸭在西餐中的使用也很普遍，常用的烹调方法主要有烤、烩、焖等。

因为鸭的肉质比较老，并且味道比较腥，在西餐里一般只吃鸭胸，更多使用烤、煎、炸等技法。鸭胸是到达一定的熟度才有美味的肉类，所以最好吃的鸭胸熟度为七分熟，太硬就会失去完美的口感。如意式美食中的"西西里鸭胸肉"深受欢迎。吃时先要把鸭胸肉起出来，然后放入锅内煎制。煎时加入作料，待将鸭胸肉煎至七分熟即可上碟。上碟后淋上西西里风味的酱汁，酱汁香浓、肉质弹牙、营养好味。

● 鸭胸肉

4. 鸽子（Pigeon）

西餐烹调中主要以肉鸽作为烹调原料。肉用鸽体形较大，其中较为著名的品种有美国的白羽王鸽、法国的普列斯肉鸽及蒙丹鸽、贺姆鸽、卡奴鸽等。肉鸽肉色深红，肉质细嫩，味道鲜美。经专家测定，肉鸽一般在 28 天左右，即为乳鸽（Squabs），重 500 克左右，这时的鸽子是最有营养的，含有 17 种以上氨基酸，氨基酸总量高达 53.8%，且含 10 多种微量元素及多种维生素。因此，鸽肉是高蛋白、低脂肪的理想原料。

鸽子在西餐烹调中常被用于烧烤、煎、炸、红烩或红焖等，乳鸽一般适宜铁扒等。

5. 鹌鹑（Quail）

鹌鹑又名"红腹鹑"，简称"鹑"，为鸡形目雉科鹑属鸟类，是一种头小、尾巴短、不善飞的赤褐色小鸟，主要分布于欧亚大陆西部和非洲，品种繁多。

鹌鹑肉是典型的高蛋白、低脂肪、低胆固醇食物，特别适合中老年人以及高血压、肥胖症患者食用。 ● 鹌鹑

鹌鹑可与补药之王人参相媲美，誉为"动物人参"。

其肉和蛋营养丰富，味美适口，适用于炸、炒、烤、焖、煎等。

（三）西餐热厨房常用鱼类原料

1. 鳟鱼（Trout）

鳟鱼属鲑科，原产于美国加利福尼亚的洛基山麓的溪流中。鳟鱼是西方人喜欢食用的淡水鱼品种，其品种很多，常见的有金鳟、虹鳟、湖鳟和三文虹鳟等。鳟鱼能生活在水温较低的江河、湖泊中（10℃~16℃是最适当的，到了23℃以上就致命了），世界上的温带国家均有出产，以丹麦和日本的鳟鱼最著名。

● 鳟鱼

虹鳟体侧扁，底色淡蓝，有黑斑，体侧有一条橘红色的彩带。其肉色发红，无小刺，肉质鲜嫩，味美、无腥味，高蛋白、低胆固醇，含有丰富的氨基酸、不饱和脂肪酸，营养价值极高。适合于水煮、烤锅煎、油炸等。

2. 银鱼（White Bait）

● 银鱼

银鱼又称"冰鱼""玻璃鱼"，属银鱼科。中国是世界银鱼的起源地和主要分布区。银鱼属淡水鱼，生活周期短、生殖力和定居能力强，主要分布在中国东部近海和各大水系的河口，是重要的经济鱼类。

银鱼体长略圆，细嫩透明，色泽如银，肉质细腻，味道鲜美。但因其肌肉组织脆弱，离水后极易受损腐烂，故在西餐中常将其加工成罐头制品，俗称"银鱼柳"。

3. 鳜鱼（Mandarin Fish）

鳜鱼亦称"桂鱼"，属于脂科鱼类，是一种名贵的淡水鱼，是我国"四大淡水名鱼"中的一种。

鳜鱼体侧扁，背部隆起，腹部圆，眼较小，口大头尖，背鳍较长，体色黄绿，腹部黄白，体侧有大小不规则的褐色条纹和斑块。

● 鳜鱼

鳜鱼皮比较厚，肉质紧实、细嫩，呈蒜瓣状，肉中没有细刺，味鲜美，实为鱼中之佳品。

4. 鳗鱼（Eels）

● 鳗鱼

鳗鱼又称"白鳝"。目前世界上养殖的鳗鱼品种主要有：以法国产为主的称为"欧洲鳗"；以美国、加拿大产为主的称为"美洲鳗"；以印尼、澳大利亚等地产为主的称"澳洲鳗"；以亚洲的中国、日本等地产为主的称为"日本鳗"，是目前我国普遍养殖的品种。

鳗鱼属于咸淡水性鱼品种，鱼肉硬实细腻，表皮光滑肥厚，多用于油炸、烤、煮、熏等。

5. 鲑鱼（Salmon）

● 鲑鱼

鲑鱼音译名"三文鱼"，又称"大马哈鱼"。鲑鱼属鲑科，是世界著名的冷水性经济鱼类之一，主要分布在大西洋北部、太平洋北部的冷水水域。我国主要产于松花江和乌苏里江。鲑鱼平时生活在冷水海洋中，在生殖季节长距离洄游，进入淡水河流中产卵。鲑鱼在产卵期之前，一般肉质都比较好，味道浓厚；鲑鱼在产卵期内，肉质会变得较粗，味道寡淡，此时的品质较差。鲑鱼种类很多，常见的有银鲑、太平洋鲑、大西洋鲑等。我国境内的鲑鱼品种主要有大马哈鱼、细鳞鲑鱼等。其中以大西洋鲑鱼和银鲑的品质为最佳。大西洋鲑鱼的特点是体形大，鱼体扁长，体侧发黄，两边花纹斑点较大，肉色淡红，质地鲜嫩，刺少味美。银鲑的特点是鱼体呈纺锤状，鳞细小，整个侧面从背鳍到腹部都是银白色，有花纹似的斑点，比较漂亮，肉色鲜红，质地细嫩，味道鲜美。加拿大、挪威、美国是鲑鱼的主要产地，也是世界最主要的鲑鱼出口国。

6. 金枪鱼（Tuna）

金枪鱼音译名"吞拿鱼"，是海洋暖水中上层结群洄游性鱼类，主要分布于印度洋和太平洋西部海域。我国南海和东海南部均有出产，是名贵的海洋鱼类之一，在国际市场上很畅销。

金枪鱼体呈纺锤形，一般体长 40~70
厘米，体重 2000~5000 克，背部呈青褐色，
有淡色椭圆形斑纹。头大而尖，尾柄细小，
除头部外全身均有细鳞，胸部由延长的鳞
片形成胸甲。

金枪鱼肉质坚实、细嫩，富含脂肪，
口味鲜美，是名贵的烹饪原料。金枪鱼大
多切成鱼片生食，要求鲜度好，所以捕获
的活鱼要立即在船上宰杀，并要除去鳃和
内脏，清洗血污后冰冻保鲜冷藏。

● 金枪鱼

7. 鳕鱼（Codfish）

● 鳕鱼

鳕鱼又称"繁鱼"，属冷水性底层鱼
类，主要分布在大西洋北部的冷水区域。
我国只产于黄海和东海北部。鳕鱼体形长，
稍侧扁，一般体长在 25~40 厘米，体重可
达 300~750 克，头大、尾小，灰褐色，有
不规则的褐色斑点或斑纹。下颌较短，前
端有一朝后的弯钩状触须，两侧有一条光
亮的白带贯穿前后，腹面为灰白色。胸鳍
为浅黄色，其他各鳍均为灰色。常见的鳕
鱼品种有黑线鳕、无须鳕、银线鳕等。

鳕鱼肉色洁白，肉质细嫩，刺少，味美，清口不腻，常用于煎、炸、煮、铁
扒、烟熏等，是西餐中使用较广泛的鱼类之一。此外，鳕鱼肝大而肥，含油量
高，富含维生素 A 和维生素 D，是提
取鱼肝油的原料。

8. 鲟鱼（Sturgeon）

鲟鱼是世界上现有鱼类中体形大、
寿命长、最古老的一种鱼类，迄今已
有 2 亿多年的历史，起源于亿万年前
的白垩纪时期，素有"水中活化石"

● 鲟鱼

之称，系现存的古老生物种群。

我国是鲟鱼品种最多、分布最广、资源最为丰富的国家之一，其中的中华鲟是我国珍稀水产动物，被国家列为一级保护动物。

鲟鱼除了具有一定的观赏价值外，也是食用价值极高的大型经济鱼类。全身除体表骨板外其他部分（含骨骼）都可食用，营养价值极高，被列为高级滋补品。当今国际上享有盛誉的鲟鱼鱼子酱在欧美是国宴珍品，素有"绿宝石"之称。其熏制肉、鲜肉、鱼胶等畅销不衰，供不应求。

据中国科学院海洋所检测：鲟鱼肉含有十多种人体必需的氨基酸，脂肪含有12.5%的"DHA"和"EPA"，对软化心脑血管，促进大脑发育，预防老年性痴呆具有良好的功效；软骨和骨髓（俗称"龙筋"）可完全直接食用，素有"鲨鱼翅，鲟鱼骨"之说。

9. 沙丁鱼（Sardine）

沙丁鱼是世界上重要的经济鱼类之一，广泛分布在南北半球的温带海洋中。我国主要产于黄海、东海海域。沙丁鱼体侧扁，一般体长14~20厘米，体重20~100克。沙丁鱼有很多品种，常见的有银白色和金黄色两种。沙丁鱼生长快，繁殖力强，肉质鲜嫩，富含脂肪，味道鲜美。其主要制成罐头。

● 沙丁鱼

10. 鲱鱼（Herring）

● 鲱鱼

鲱鱼又名"青条鱼""青鱼"，是世界上重要的经济鱼类之一，属冷水性海洋上层鱼类，食浮游生物，主要分布于西北太平洋海域，我国只产于黄海和渤海。鲱鱼体形长而侧扁，一般体长20~35厘米，眼有脂膜，口小而斜，背为青褐色，背侧为蓝黑色，腹部为银白色，鳞片较大，排列稀疏，容易脱落。鲱鱼肉质肥嫩，脂肪含量高，口味鲜美，营养丰富，是西餐中使用较广泛的鱼类之一。

（四）西餐热厨房常用比目鱼类水产原料

1. 牙鲆鱼（Flounder）

牙鲆鱼又称"偏口鱼""左口鱼"，是名贵的海洋经济鱼类之一，主要分布于北太平洋西部海域。我国沿海均产，渤海、黄海的产量最多。牙鲆鱼体侧扁，呈长椭圆形，一般体长25~30厘米，体重在1500~3000克，大者可达5000克左右。口大，两颌等长，上下颌各有一行尖锐牙齿，尾柄短而高。两眼均在头的左侧，鳞细小，有眼一侧呈深褐色并有暗色斑点；

● 牙鲆鱼

无眼一侧呈白色。背鳍、臀鳍和尾鳍均有暗色斑纹，胸鳍有暗色点列成横条纹。

牙鲆鱼肉色洁白，肉质细嫩，无小刺，每100克肉中含蛋白质19.1克，脂肪1.7克，营养价值高，味道鲜美。

2. 多宝鱼（Turbot）

多宝鱼学名"大菱鲆"，又称"南方鲆"，为硬骨鱼纲鲽形目鲆科菱鲆属海洋底栖鱼类。俗称欧洲比目鱼，在中国称"多宝鱼"。原产于欧洲大西洋海域，是世界公认的优质比目鱼之一。

多宝鱼身体扁平、略成菱形，双眼位于左侧，褐色中隐约可见黑色和棕色的花纹。由于游动时体态十分优美，宛如水中之蝴蝶，故又称"蝴蝶鱼"。其肉质鲜美，可以烹饪多道美食，

● 多宝鱼

在世界多个国家都有养殖，具有较高的经济价值和营养价值。

● 鲽鱼

3. 鲽鱼（Plaice）

鲽鱼又称"右口鱼"（Right-eyed Flounder），属于冷水性经济鱼类，主要分布于太平洋西部海域。鲽鱼鱼体侧扁，呈长椭圆形，一般体长10~20厘米，体重100~200克，两眼同在身体朝上的一侧，有眼一侧呈褐色，无眼一侧为白色，鳞细小，体表有黏液。

鲽鱼肉质细嫩，味道鲜美，刺少，尤其适宜老年人和儿童食用。但因含水分多，肌肉组织比较脆弱，容易变质，一般需冷冻保鲜。

4. 舌鳎（Tongue Sole）

舌鳎又称"龙利鱼""鳎目鱼"，是名贵的海洋经济鱼类之一，主要分布于北太平洋西部海域。我国沿海均有出产，但产量较小。舌鳎体侧扁，呈舌状，一般体长25~40厘米，体重500~1500克。头部很短，眼小，两眼均在头的左侧，鳞较大，有眼一侧呈淡褐色，有两条侧线，无眼一侧呈白色，无侧线。背鳍、臀鳍完全与尾鳍相连，无胸鳍，尾鳍呈尖形。舌鳎营养丰富，肉质细腻味美，尤以夏季的鱼最为肥美，食之鲜肥而不腻。舌鳎的品种较多，较为名贵的有柠檬舌鳎、英国舌鳎、宽体舌鳎等。

● 舌鳎

教你品味鱼子酱（Caviar）

● 鱼子酱

鱼子就是雌鱼的卵块（硬鱼子）或雄鱼的精块或精液（软）。鲟鱼的硬鱼子是最佳的上品，用以制作鱼子酱。

一般的鱼子经过腌制或熏制后食用。英国人爱吃熏鳕鱼子；腌制鲤鱼子是希腊的一种开胃酱的主要成分。软鱼子可汆可炒，常用于冷菜拼盘中或作两道正菜间的小菜。其他有名的鱼子是鲭鱼、鲱鱼、梭鱼、鲑鱼、美洲西鲱鱼和鲽鱼的鱼子。

鱼子酱是在鱼子的基础上经加工而成，浆汁较多，呈半流质胶状，主要有红鱼子酱、黑鱼子酱两种。红鱼子酱用鲑鱼或马哈鱼之鱼卵制成，价格一般较便宜。黑鱼子酱用的是鲟鱼或鳇鱼之鱼卵，主要产于地中海、黑海、里海等寒冷的深水水域。黑鱼子酱比红鱼子酱更名贵，以俄国、伊朗出产的最为著名，价格昂贵。

鱼子和鱼子酱味咸鲜，有特殊鲜腥味，一般应配以柠檬汁和面包一同食用。鱼子酱一般作为开胃菜或冷菜。

词汇在线

（五）西餐热厨房常用虾类水产原料

虾主要分为淡水虾和海水虾，对虾、明虾、基围虾、琵琶虾、龙虾等都是海水虾。虾的肉质肥嫩鲜美，食之既无鱼腥味，又没有骨刺，老幼皆宜，备受青睐。虾的吃法多样，可制成多种美味佳肴。

1. 龙虾（Lobster）

● 锦绣龙虾

龙虾属于节肢动物甲壳纲龙虾科。分布广泛，欧洲大西洋沿岸所产个头较大，欧洲、美国、澳大利亚等地的产量较大，也是目前世界上主要的龙虾出口国。龙虾是虾类中最大的一种，体大肉多，肉质鲜美，富含蛋白质、维生素和多种微量元素，营养价值丰富，是西餐高档烹饪原料。

大龙虾的肉主要在腰和尾巴部分，所以很多餐馆里卖的龙虾只有下半身（Lobster Tail）。龙虾可清蒸，也可做成姜葱、椒盐、麻辣口味的。

活龙虾在被触摸后尾部会卷曲。如果被触摸后没有反应，则很可能已经死亡。同样，没有腿或须，或因长时间置于养殖场而长有苔藓的龙虾反应迟钝，可导致较高的死亡率。

（1）锦绣龙虾（Spiny lobster）。锦绣龙虾，俗称花龙，有黑褐色和黄色相间的斑纹，体色多彩明亮，广泛分布于日本、南太平洋和印度洋，为南太平洋的重要品种，生活在珊瑚外围的斜面至较深的泥沙中。锦绣龙虾是龙虾属中体形最大者，体长可达 60~80 厘米，最重可达 5 千克以上。其形美肉鲜，既可做热菜也可做冷菜，适合多种烹调法。

（2）澳大利亚岩龙虾（Australian lobster）。澳洲龙虾产于澳大利亚南部，其

● 澳洲龙虾

通体火红色，爪为金黄色，肉质最为鲜美。澳洲龙虾肉质滑中带爽，肉汁丰盈。体重可达三四千克，以两千克大小的最美味。既可用中式的上汤法烹调，也可用芝士焗，日式的铁板烧或刺身也可。

（3）波士顿龙虾（Homarus Americanus）。波士顿龙虾又称缅因龙虾、美洲螯龙虾，生活

● 波士顿龙虾

于加拿大东海岸和美国东海岸海域，全身黑绿。它有一对大螯钳，其重量约占龙虾体重的15%，因活动过多肉质较粗但味甜美。美国人常将其钳子肉煮熟切块拌上马乃司少司夹在面包中吃，而将尾巴高价单卖，比如牛排馆里的 Surf and Turf 这道菜就是牛排＋波士顿龙虾尾巴。相比之下，虾身没有膏，但肉较嫩滑细致。

2. 对虾（Prawn）

对虾，又称"明虾"，属甲壳纲对虾科，是一种暖水性经济虾类，主要分布于世界各大洲的近海海域，我国主要产于渤海海域。对虾体较长，侧扁，整个身体分头胸部和腹部，头胸部有坚硬的头胸盔，腹部披有甲壳，有五对腹足，尾部有扇状尾肢。

对虾的品种较多，常见的有日本明虾（又称"斑竹大虾"）、深海明虾、斑节对虾（俗称"草虾"）、都柏林明虾等。对虾体大肉多，肉质细嫩，味道鲜美。

● 斑节对虾

3. 虎虾（Tiger Prawn）

虎虾因体形巨大且有斑纹而得此名，又名老虎虾。原产地为越南，泰国、缅甸皆有，通体光泽透亮，纹理清晰美丽，体态浑厚粗壮有弹性，肉质鲜美甘甜，营养极高。虎虾个头越大，价格越昂贵，被称为"虾中之王"。

● 虎虾

4. 基围虾（Shrimp）

基围虾，是利用主要分布于广东省珠江口一带叫作"基围"的养育池养殖，故名。其主要特征之一是额角上缘有齿，下线无齿，这是区别于对虾属的显著特征之一。

基围虾体长可达19厘米，因壳薄体肥，肉嫩味美，能活体销售而深受消费者青睐，是目前"海虾淡养"的优良品种。

● 基围虾

食用海虾时，最好不要大量饮用啤酒，否则会产生过多的尿酸，从而引发痛风。吃海虾应配以干白葡萄酒，因为其中的果酸具有杀菌和去腥的作用。

基围虾营养丰富，其肉质松软，易消化，对身体虚弱以及病后需要调养的人是极好的食物；虾中含有丰富的镁，能很好地保护心血管系统。

5. 虾蛄（Mantis Shrimp）

虾蛄，俗称"濑尿虾""螳螂虾""皮皮虾""琵琶虾"等，全为海生。虾蛄分布范围极广，从俄罗斯的大彼得海湾到日本及中国沿海、菲律宾、马来半岛、夏威夷群岛均有分布。

虾蛄味道鲜美，每年的4~6月，肉质最为饱满，是最佳食用期。其肉质含水分较多，鲜甜嫩滑，淡而松软，并且有一种特殊诱人的鲜味。

● 虾蛄

虾蛄的烹饪方法一般分椒盐和清蒸两种，以清蒸为多，辅以生抽、醋、姜末调成的蘸料食用。

词汇在线

（六）西餐热厨房常用蟹类水产原料

1. 帝王蟹（King Crab）

帝王蟹又叫"蜘蛛蟹"，素有"蟹中之王"之称，其体形硕大肥美，生长于寒冷的深海水域，主要分布于白令海和阿拉斯加，为石蟹科的甲壳类动物。由于它们的体形巨大及肉质美味，很多物种都被广泛捕捉来作为食物。

帝王蟹属于深海蟹类，生存深度达850米，生存水温在2℃~5℃。帝王蟹是蟹类

● 帝王蟹

中最为庞大的一种，肥重，甲壳较为坚硬，呈红黑色。一般重量平均在2千克到5千克，要生长10年左右才有三四千克重。

从外表上看，帝王蟹宽约 25 厘米，腿部长约 1 米，是甲壳类动物中比较大的，全身布满了硬刺。帝王蟹的腿长而粗，除了一对螯外可见的是三对足。左侧的螯要比右侧略大。另外，一般所见的蟹类多是横向移动，帝王蟹不但可以横向移动还可以垂直移动。帝王蟹脚含有丰富的蛋白质、微量元素等，对身体有很好的滋补作用。

冷冻蟹段可保存 1 年，保存温度为 −18℃。新鲜帝王蟹货架保存期为一周，解冻蟹为 3 天，保存温度为 0℃ ~1℃。

● 长脚蟹

2. 长脚蟹（Long-legged crab）

长脚蟹，又名亚拉斯加皇帝蟹，属拟石蟹类，外形如蜘蛛，脚上有刺。主要分布在北美太平洋北部寒冷海域、白令海及日本海的深海。其体形庞大、肥重，甲壳较坚硬，呈红黑色，重量在 0.6~2.6 千克左右。膏多肉爽，肉质鲜甜，宜蒸宜焗。

3. 皇帝蟹（Emperor Crab）

皇帝蟹，学名为巨大拟滨蟹，俗称奇重伪背蟹。蟹身红色，产于澳大利亚巴斯海峡。它们是爬树高手，常登陆上岸，以椰子和露兜树等的生果为食。从外形看，皇帝蟹身形很大，最重可达 36 千克，尤其是雄蟹，有一只和其身体差不多大的螯，是世界上最重的螃蟹。皇帝蟹是海鲜中的上品，是蟹中之皇。

● 皇帝蟹

4. 海蟹（Swimming Crab）

海蟹又称"梭子蟹"，属于甲壳纲、十足目、梭子蟹科，是中国沿海的重要经济蟹类。其生长迅速，养殖利润丰厚，已经成为中国沿海地区重要的养殖品种。其肉味鲜美，营养丰富。鲜食以蒸食为主，还可腌制加工"枪蟹""蟹酱"，蟹卵经漂洗晒干即成为"蟹子"，均是海味品中之上品。

蟹肉色洁白，肉多，肉质细嫩，膏似凝脂，味道鲜美。尤其是两钳状螯足之肉，呈丝状而带甜味，蟹黄色艳味香，食之别有风味，因而久负盛名，居海鲜之首。

● 海蟹

（七）西餐热厨房常用贝类水产原料

1. 象鼻蚌（Geoduck Clam）

象鼻蚌又称为"象拔蚌"，属于底栖性的贝类，为一种体积硕大的食用贝类，由于形状像象鼻子，看了人称之为象鼻蚌。原产地在美国和加拿大北太平洋沿海。因其有又大又多肉的红管，被人们称为"象拔蚌"。其可食部分相当大，味道十分鲜美。近年来，由于出口需求激增，成为英属哥伦比亚主要出口海产之一。

● 象鼻蚌

活的象鼻蚌怎么做都好吃，但是切忌不要放味精和鸡精之类的东西，那会破坏蚌的自然鲜美。做汤的时候放点姜和少量盐就可以了，或者配上柠檬汁，芥末酱油即可。

2. 牡蛎（Oyster）

牡蛎又称"蚝""海蛎子"，是重要的经济贝类，主要生长在温热带海洋中，我国沿海均产。牡蛎壳大而厚重，壳形不规则，下壳大、较凹并附着他物，上壳小而平滑。壳面有灰青、浅褐、紫棕等颜色。牡蛎的品种很多，常见的有法国牡蛎、东方牡蛎、葡萄牙牡蛎等，其

● 牡蛎

中，法国牡蛎最为著名。我国出产的牡蛎主要有近海牡蛎、长牡蛎、褶牡蛎等。牡蛎肉柔软鼓胀，滑嫩多汁，味道鲜美，有较高的营养价值。牡蛎应以外观整齐、壳大而深、相对较重者为最佳。牡蛎肉味鲜美，既可生食也可熟食，还可干制或加工成罐头。在法式菜中常配柠檬汁带壳鲜食，也可煎炸或煮制。

3. 扇贝（Scallop）

扇贝又称"带子"，属扇贝科，因壳形似扇故名扇贝。世界沿海各地均有出产，我国主要产于渤海、黄海和东海海域。扇贝贝壳呈扇圆形，薄而轻。贝壳表面一般为褐色、杏黄色、灰白色等多种颜色。贝壳内面白色，壳内柔软而甜美的闭壳肌肉色洁白，肉质细嫩，口味鲜美，是一种高档原料。这条闭壳肌占去扇贝

身体相当大的比例，也是储备蛋白与能量的部位。扇贝的闭壳肌制成干货后就被称为"干贝"，自古属于"海八珍"之一。

● 扇贝

扇贝的天然鲜味无可取代，在烹饪过程中，任何多余的调味料和过量的盐都是暴殄天物的举动，稍微煎、蒸、焖、焗就可以尝到它的本味了。

扇贝的品种很多，品质较好的主要有海湾扇贝、地中海扇贝、皇后扇贝等。我国品质比较好的扇贝主要是栉孔扇贝、虾夷扇贝等。

4. 贻贝（Mussel）

贻贝又称"青口""海虹"，是最为常见的一种贝类，主要产于近海海域。贻贝贝壳呈椭圆形，壳长而圆。生长线明显，但不规则。壳面有紫黑色、青黑色、棕褐色等。壳内面青白色，具珍珠光泽。其可食部分主要是橙红色的贝尖。贻贝肉质柔

● 贻贝

软，鲜嫩多汁，口味清淡。厨师烹调时大多使用的是鲜活原料。

5. 蛤蜊（Clam）

蛤蜊俗称"嘎啦"。蛤蜊的壳卵圆形，淡褐色，边缘紫色，生活在浅海底，有花蛤、文蛤等诸多品种。其肉质鲜美无比，被称为"天下第一鲜""百味之冠"。它的营养也比较全面，含有蛋白质、脂肪、碳水化合物、铁、钙、磷、碘、维生素、氨基酸和牛磺酸等多种

● 蛤蜊

成分，低热能、高蛋白、少脂肪，实属物美价廉的海产品。

蛤蜊等贝类本身极富鲜味，烹制时千万不要再加味精，也不宜多放盐。食用时最好提前一天用水浸泡，吐干净泥土。

6. 鲍鱼（Abalone）

鲍鱼又名"鳆鱼"。名为鱼，实则不是鱼。它属于腹足纲鲍科的单壳海生贝类，属海洋单壳软体动物，只有单面外壳，壳坚厚、扁而宽。鲍鱼呈椭圆形，肉紫红色，肉质柔嫩细滑，滋味极其鲜美，非其他海味所能比拟，历来是"海味珍品之冠"。鲍鱼是中国传统的名贵食材，位居四大海味（其他为海参、鱼翅、鱼

肚）之首。全世界约有 90 种鲍，它们的足迹遍及太平洋、大西洋和印度洋。

购买时除了在新鲜度上进行选择外，还要看头数。一般头数（1 斤能称几只）越少的价格越昂贵，即所谓"有钱难买两头鲍"。

鲍鱼肉质细嫩，鲜而不腻，营养丰富，清而味浓，烧菜、调汤，妙味无穷。

● 鲍鱼

（八）西餐热厨房常用软体类水产原料

词汇在线

1. 墨鱼（Cuttle Fish）

墨鱼又名"乌贼"，其头部前端有须脚八根，另有两根较长的触手，眼大，体呈长圆形，灰白色，背肉中夹有一块背骨（"海螵蛸"）。墨鱼肉质脆、细嫩、鲜美。墨鱼的做法主要是爆炒，亦可做汤及与肉一起炖。初加工方法是把墨鱼放入水中用剪刀刺破眼睛，挤出眼球，除去石灰质骨，同时将背部撕开，去其内脏，剥皮洗净备用。加工墨鱼时一般须在水中进行，

● 墨鱼

防止墨汁溅到身上，如果墨汁破裂，整个肉质都会发出黑黄色。

2. 鱿鱼（Squid）

鱿鱼呈长三角形，身体滚圆，形似墨鱼但略长。可鲜食，也可与墨鱼同样爆炸或做汤，制成干品后即为著名的海味珍品。其处理方法同墨鱼。

3. 章鱼（Octopus）

● 鱿鱼

章鱼俗称"八爪鱼"，肉质柔软，鲜嫩，宜于爆、炒、烩、拌等，尤以凉拌为美。鲜爽醇香，糯而不糜。初加工时先将章鱼头部墨腺去掉，放入盆内加盐、醋反复搓揉以去除黏液。搓揉时

● 章鱼

● 白玉蜗牛

可将两个章鱼的足腕对搓，以去其足腕吸盘内的沙粒，再用清水反复洗去黏液即可。

4. 蜗牛（Snail）

蜗牛为蜗牛科动物蜗牛及其同科近缘种的全体，是一种雌雄同体的水陆两栖软体动物，多达 2.2 万余种，但能够在国际市场上销售的食用蜗牛只有几种，如法国蜗牛、庭院蜗牛和玛瑙蜗牛等，以法国所产为佳，在国内是白玉蜗牛，主产地为台湾地区、湖北以及东南沿海，均系人工养殖。

蜗牛与鱼翅、干贝、鲍鱼并列为世界四大名菜，是高蛋白、低脂肪、低胆固醇的上等食品。

食用蜗牛要注意的是：在蜗牛冬眠期其体内黏液差不多已排尽，食之无妨。但夏秋季节以及冬春时节温室中的蜗牛不能立即食用，要待它们空腹数日排净黏液之后才能食用。

目前西餐普遍使用的蜗牛为以下三种。

（1）法国蜗牛，又称"苹果蜗牛""葡萄蜗牛"，因其多生活在果园中，故名。欧洲中部地区均产此种，壳厚呈茶褐色，中有一白带，肉白色，质量好。法国蜗牛是一种可食用的蜗牛，一般用来作法国菜的头盘。

● 法国蜗牛

（2）意大利庭院蜗牛，多生活在庭院或灌木丛中。此种蜗牛壳薄，呈黄褐色，有斑点，肉有褐色、白色之分，质量也很好。

● 玛瑙蜗牛

（3）玛瑙蜗牛，原产非洲，又名非洲大蜗牛。此种蜗牛壳大，呈黄褐色，有花纹，肉浅褐色，肉质一般。

蜗牛肉口感鲜嫩，营养丰富，是法国和意大利的传统名菜。

53

知识点 西餐热厨房常用香草香料

香草香料
中英对照表

香料史语

香料从字义拆解上来说，可理解为"香气调味料"。但它实际上被运用得非常广泛，自制作木乃伊时的用料、医药疗疾的药材，到祭天供品巫祀驱蛊的物品，均能证明人们对香料的喜爱和重视。

中国早在《周礼》《离骚》中就已有用香料烹饪的记载，秦汉以后，香料的运用更为广泛，品种因海外的引进也变得更为丰富，如胡荽、迷迭香、月桂叶等。直至目前中国各地的传统菜肴中，常用的香料已多达百余种。欧美国家运用香料的历史，早在古罗马、古希腊时代就有史迹古籍可考。《圣经》中多处记载肉桂、大蒜、洋葱、丁香、乳香等香料。

● 香料

从某种意义上说，香料曾经推动了人类历史向前发展。公元 8 世纪以前，欧洲人并不认识香料。后来，阿拉伯人经长途跋涉，将香料从印度贩运到欧洲。香料最大的好处是能够保持肉类不腐败。欧洲人发现，把胡椒和肉桂放进肉里，能让保质期大大延长，而且它们散发出的美妙味道，让人胃口大开。在此后漫长的岁月里，印度和印尼的香料，先被阿拉伯人买下，装船沿印度海岸运到霍尔木兹或亚丁，再由埃及的骆驼队穿越沙漠，运到尼罗河口，威尼斯商人等候在那里，用商船将香料运过地中海，最后到达罗马。那时候，因运费昂贵，货物稀奇，香料曾经保持了与黄金一般的价格。在一个相当长的历史时期，香料这个词在欧洲社会中所象征的意义除了生活必需品之外，还代表权力和地位。

💡 想一想

（1）说一说你在生活中见过和用过的香料名称及用途。

（2）你能说说中式烹饪与西式烹饪中常用香料的区别吗？

香料是由植物的根、茎、叶、种子、花及树皮等，经干制、加工制成。香料香味浓郁、味道鲜美，广泛应用于西餐烹调中。作为调料的香草，主要是鲜嫩的茎、叶、花、果实等，无论从视觉、嗅觉、味觉角度，都会让烹调效果截然不同。香草可以广泛用于做馅、烧汤、烧烤、烘烤、煮粥、蒸饭等，同时具有装饰作用。香草中含有多种维生素、钾等物质，对健康也很有益。

各种香料虽特质各异，但皆含有醇、酚、酮等挥发性化合物，除品种繁盛外，也发展出多味混合的香料配方。香料的乐趣在于巧妙多变地运用，它本身的作用是加强菜肴的风味，而不是要抢去食物本身的特色。可以说，不了解西餐常用香料，就无法做出最正宗和出色的西餐。让我们一起进入香料世界吧！

词汇在线

（一）欧洲四大香草

歌曲《斯卡布罗集市》原是一首古老的苏格兰民歌，歌中反复吟诵的法香、鼠尾草、迷迭香和百里香这四种香草都具有很浓郁的香味，在中世纪时的欧洲分别代表善良、力量、温柔和勇气，这也是歌者对爱人的期望。它们在中世纪的象征意义和今天恋人手中的红玫瑰差不多。

● 百里香

1. 百里香（Thyme）

百里香，音译为"探草"，又名"麝香草"。在西方，百里香是一种家喻户晓的香草。中世纪的骑士们赴战场作战，常把 thyme 挂在自己的盔甲上，因此，thyme 常常象征着勇气。

百里香原产于地中海及西欧地区，现主要产于法国和西班牙，其叶片亮泽、味道浓郁，香味清新，用途广泛。新鲜或干燥的枝叶既可烹调也可冲泡成花草茶。因其偏向酸性，大多被当作柠檬使用。

百里香可说是众多香料中的基本香料。通常在炖煮汤底、酱汁时使用，是适合任何肉类的调味品。

干百里香通常会比新鲜的百里香香味少 40%，因此，使用干百里香时料理师会用多用一点。干燥的百里香粉或叶片可用于调味，与海鲜、肉类及橙叶酱汁十分相配。由于它即使长时间烹调也不失香味，因此非常适合用在炖煮菜中。

百里香通常与其他芳香料混合，塞于鸡、鸭、鸽腔内烘烤，香味醉人。此外，百里香含有杀菌和抗氧化的成分，中世纪的欧洲人还认为其可防止食物腐坏，延长食物的保存期限。百里香的天然防腐作用还使其成为肉酱、香肠、焖肉和泡菜的绿色无害的香料添加剂，罗马人制作的奶酪和酒也都用它作调味料。

2. 迷迭香（Rosemary）

迷迭香，英文意思为"玛丽亚的玫瑰"，原产于地中海沿岸，有"海的水滴"之称，属紫苏科草本植物，象征着忠诚、爱情和永恒的记忆。古希腊的恋人们用以表达自己的爱慕之情，直到今天，在欧洲，还有在新娘头上别上迷迭香树枝的习俗。

● 迷迭香

迷迭香的叶子呈长条形，花色外缘红紫色，内缘白色，用叶子制成的香料带有茶叶及松树一般的清新香味，香味持久且强烈。其茎、叶、花都可提取芳香油，芳香油的主要成分是桉树脑、乙酸冰片酯等。

迷迭香常用于法国料理及意大利料理中，其茎、叶无论是新鲜的还是干制品都可用于调味。多用于去除鱼、肉类腥味，并在腌制肉类如肉馅、烤肉、焖肉等时使用。

烹调羊肉、海鲜、鸡鸭类菜肴时，常用干燥的迷迭香粉提味；在烤制腌肉时放上一些迷迭香粉，烤出来的肉就会特别的香；在调制沙拉酱时放入少许迷迭香粉，还可以做成香草沙拉油汁。如果菜肴需要长时间加热，可用香气比较浓郁的干燥迷迭香。另外，把干燥的迷迭香用葡萄醋浸泡后，可作为长条面包或大蒜面包的蘸料。

3. 鼠尾草（Sage）

鼠尾草，译音称为"茜子"，是唇形科鼠尾草属的一种芳香性植物。其香味浓烈刺鼻，夹杂些许樟脑的味道，若使用得法，可为各种食物增添沁人的香味。鼠尾草的味道浓烈，用量不宜太多，以免掩盖其他配料的味道。由于鼠尾草不耐高温，不宜长时间烹制，所以应在烹制即将结束时使用。由于气味浓厚，不论干鲜，入菜都不宜多放。

鼠尾草非常适合跟奶制品和油腻食物一起烹饪，有时也会加到葡萄酒、啤酒、茶和醋当中。在烹制油腻的肉制品时可添加一些鼠尾草以帮助消化；加入一茶匙干鼠尾草叶煮沸，泡上 10 分钟即为鼠尾草茶。

意大利人相当偏爱鼠尾草，当他们购买肉类时，肉贩经常会附送些鼠尾草。

新鲜的鼠尾草可放入冰箱中用保鲜袋保存3~5天，

● 鼠尾草

● 法香

干燥品则可存 1 年之久。

4. 法香（Parsley）

法香，音译名"巴西利"，又名"洋香菜""番芫荽""欧芹"，原产于希腊，属伞形科洋芫荽属草本植物。茎三棱实心，夏季开白色花，种子味香。食用嫩叶，做香辛蔬菜。鲜根、茎汁可供药用，胡萝卜素及微量元素硒的含量较一般蔬菜高，是一种营养成分很高的芳香蔬菜。古埃及人跟古希腊人都认为欧芹代表胜利，因此打胜仗的士兵都能得到用欧芹织成的花冠。在宗教中，欧芹则表示对亡者的追悼，使其灵魂安息。

法香的品种主要有卷叶法香、意大利法香两种。卷叶法香叶蜷缩，色青翠，味较淡，外形美观，主要用于菜肴的装饰。意大利法香叶大而平，色深绿，味较卷叶法香浓重，主要用于菜肴的调味。法香宜生食，西餐做沙拉时常剁碎使用，或用于各种酱汁中，或用于装盘点缀，是西餐中不可缺少的香辛调味菜及装饰用蔬菜。

词汇在线

（二）唇形科茎叶类香草

唇形科植物以富含多种芳香油而著称。

● 罗勒

1. 罗勒（Basil）

罗勒，也称"九层塔""十里香"，是一种生长在东半球温暖地带的一年生薄荷类植物，与"薄荷"为近亲。罗勒原名出自希腊文，意为"皇室之香油"，原产于太平洋群岛，16 世纪时由亚洲传到欧洲。其种类繁多，被誉为"香草之王"，叶片有绿色还有紫色，鲜用提味效果颇佳，长时间加热反而会使香味尽失。

鲜罗勒和晒干后的罗勒都是西餐中最常用的调料之一，有迷人的香气，气味清爽略甜，是所有香草中运用最为广泛的材料。

罗勒是意大利最常见的香草，在意大利料理中，最常用来搭配番茄和奶酪做成最简单美味的开胃头盘。它也可以搭配肉类、蔬菜、乳酪和蛋等料理，或是在烤鸡肉、羊肉及鱼肉时当成调味香料。罗勒也适合和其他香料搭配，如和大蒜、松仁、芝士一起可制成罗勒青酱，适用于意粉等调味。也经常加入泰国菜及韩国料理，或是加入沙拉及用作装饰。

其最常用于香草酱中，而且和番茄的味道非常相配。意大利面、比萨与海鲜沙拉也时常会用罗勒来添加美味。

罗勒通常保存在阴凉干燥的地方，也可存放于冰箱内1天，若要保鲜时间长，可将其用盐腌后放入装有橄榄油或醋的瓶子内，将瓶盖密封，放入冰箱保存。

2. 薄荷（Mint）

薄荷是运用相当广泛的香草植物，其品种之多超过500种，花色有白、粉、淡紫等，花谢后结暗紫棕色小粒果，各种薄荷大多以其独有的香气命名，如苹果薄荷、橘子薄荷、香水薄荷等，其中最有名的是胡椒薄荷和皱叶薄荷。

（1）胡椒薄荷（Pepper Mint）。胡椒薄荷叶素有"芳香药草之王"之美誉，原产于亚洲，色泽均匀，带有浓烈甘香味，入口清爽凉快，可促进肠胃蠕动，帮助消化，若加热烹煮时间较久清凉感就会消失。通常用在冷菜上，直接将叶片摆放于沙拉或甜点上做装饰，或是切碎与酸奶调成沙拉酱汁，或加入甜点糖水中同煮，其清凉的味

● 胡椒薄荷

道能让料理吃起来更爽口。与加热料理一同使用时，英、美国家多搭配羊排，用来去除鱼及羊肉的腥味，或是搭配水果及甜点，用以提味。此外，由叶片提取的薄荷精油是奶油薄荷酒这种利口酒的主料。

储存方面，把鲜薄荷叶包裹在塑料袋中放入冰柜，可储存两天。或把叶切碎，与水混合，放进冰冻层冷冻。也可将薄荷叶干燥成碎片，随用随取。

● 皱叶薄荷

（2）皱叶薄荷（Spear Mint）。皱叶薄荷又称"留兰香"，是重要的天然香料植物之一。其主要成分是香芹酮和苎烯，香气清甜，微凉。叶子呈卵状，叶脉呈网状，叶面凹陷、隆起、凹陷、隆起……形成坑坑洼洼的模样。喜温暖湿润，对环境条件的适应性强，中国大部分地区均能种植。在西餐中的应用相似，嫩枝、叶常作调味香料，可在酱汁、饮料、凉菜、刀豆、土豆的料理或鱼肉料理中使用，做点心时也会用到。川渝一带一般用作煮鱼和炒嫩胡豆的作料。叶子可作蔬菜，凉拌、炒吃都可，在欧洲普遍用来泡茶。

● 比萨草

3. 比萨草（Oregano）

比萨草，音译名"俄力冈"或"阿里根奴"，是唇形科牛至属，学名"牛至"。之所以称为"比萨草"，顾名思义，它是制作比萨时不可或缺的香料。全草含挥发油，辛香气浓郁扑鼻，尝起来有点苦味和胡椒般的辛辣味，只需要加入少许，就能带出食物的美味。

在烹饪时，比萨草常被用于添香和去除肉类的膻味。墨西哥产的品种味道偏浓重，主要用于辣椒粉调味和墨西哥菜调味中；地中海产的品种味道略苦，有薄荷味，主要用于意大利面酱和比萨饼中。比萨草也常搭配番茄与奶酪等食材一起烹调，用来煎蛋也有很不错的效果。取鲜叶做沙拉、做汤、做饭，能增加饭菜的香味。鲜叶或干粉烤制香肠、家禽、牛羊肉，风味尤佳。

4. 牛膝草（Hyssop）

牛膝草，属唇形科海索草属，原产于地中海地区，现已在世界各地普遍栽培。

牛膝草和薄荷一样，有清爽的香味，但微带苦味。欧洲很久以前就用它来泡茶或做菜，享受其清香，而其药效也在民间疗法中派上了用场。牛膝草开的花因品种而异，有白色、粉色或紫色等，药效最强的是紫色的品种。

● 牛膝草

牛膝草也能用来做菜。将新鲜的叶子切细后，可用来做马铃薯沙拉、酱料等。因为香味浓烈，分量不宜太多，在美国常被加在水果鸡尾酒里。它也能消除肉类和鱼类的腥味，加在油腻的菜里可帮助消化。干燥的花苞可添加利口酒的风味。

牛膝草的叶可用于调味，整片或搓碎使用均可，在法式、意式及希腊式菜肴中使用普遍，常用于味浓的干制品菜肴。

（三）其他茎叶类香草及香料

词汇在线

1. 香葱（Chives）

香葱，英译名"虾夷葱"，又称"细香葱"，属百合科葱属，是一种多重生宿根的草本植物，原产地有说是中国，也有说是西亚。为鲜绿色，葱叶长而空心，茎柔细而香，含有较多挥发油，其热辣芳香还能帮人体祛风发汗，颇具药膳功能，烹调加热后味道会迅速在空气中释放，为不同菜肴添上美味。可鲜食、干制。

● 香葱

叶大多用于沙拉、汤、炒饭、煎蛋卷等菜肴的烹调中，或搭配海鲜、奶酪料理，或作为装饰；花可当作沙拉的材料之一。香葱几乎都是使用新鲜的，属配角香料，与葱相似，炒的时候会有一些葱香味，但味道较细腻，淡香而不呛。其营养丰富，各种维生素及大多数无机盐、微量元素含量均高于大葱，胡萝卜素含量更是大葱的 14 倍，常食健身益寿。

2. 他拉根香草（Tarragon）

● 他拉根香草

他拉根香草是英译名，又叫"茵陈蒿""龙蒿""蛇蒿"，是菊科多年生草本植物，原产于西伯利亚和西亚，现主要产于法国、俄罗斯西伯利亚、美国加州等地。其中，法国栽培食用历史悠久，是当地美食家深爱的香料之一，在蜗牛料理中更是不可或缺。

他拉根香草用途广泛，常用于禽类、汤类、鱼类等菜肴的调味，也可泡在醋内制成他拉根醋。

他拉根香草叶会散发出一股清香、甘甜的滋味，带点茴香的味道，比起味道浓郁的迷迭香、鼠尾草显得淡雅持久。适用于肉品加工、鸡肉加工及蛋类、含番茄菜肴、羹汤及鱼类的料理，而且可加到各式沙拉酱中或制作各式酱料。

3. 香茅（Lemon Grass）

香茅，也称"柠檬草""柠檬香茅"，原产于东南亚，其叶片幼长，形似韭菜，叶干由嫩叶片层层包裹，带有柠檬及柑橘的清香。香茅在东南亚是一种普遍使用的烹饪香料，常见于泰国菜肴中，主要和其他香料一起搅碎腌制肉类、海鲜等，或做汤食

● 香茅

用。现在南美洲、北美洲、澳洲、非洲等地都有种植。

干香茅通常用开水冲泡成草茶，只有新鲜的香茅可用来烹调。使用香茅前，应将根部切除及剥去叶的外皮，让叶片散发出香味，亦可将茎部放入水中煲出叶香。一般切片或将整条香茅放进清汤里，也可与其他香料一起搅碎成糊后用来焖煮食物。煮过的香茅会留下纤维，所以应避免咀嚼它。如果手头没有香茅，可用柠檬皮做替代品。用香茅草制成的塞瑞香（Seren Power）可作为沙拉、鱼和汤品的调味料。

4. 芫荽（Cilantro）

● 芫荽

芫荽，别名"胡荽""香菜"，属欧芹科一年或二年生草本植物，原产于地中海东部沿岸，现在全球都有种植。传统上用于墨西哥、中东及亚洲菜式中。芫荽的英文名源自希腊语，意指"臭虫"，原因是芫荽的种子未成熟前，茎叶的味道类似甲虫味，不太好闻，待果实成熟后则变成类似茴香的辛香味。芫荽味道温和酸甜，微含辛辣，近似橙皮的味道，并略含清香以及胡椒的风味。

芫荽呈羽毛状，味甘香甜，其叶可生食，或放在食物、酱汁中用作除腥提味的香料；芫荽子更是印度咖喱的原料之一，可以说是万能香料。墨西哥菜中也常用到它。在墨西哥式的蘸料及奶油中，用作墨西哥起司碎肉卷饼、塔可、咖喱料理等的调味香料。

芫荽的茎、根、叶用炒等方法加热后比加热前的香味流失严重。颗粒的芫荽子外壳很薄，所以应尽量以原颗粒保存，时间可长达 1 年之久。若研成细粉则只有 6 个月的香气有效期。

5. 肉桂（Cinnamon）

肉桂，又称"锡兰肉桂"，是最早为人类使用的香料之一。其取自于肉桂树的树皮，卷成条状经干燥后制成。锡兰肉桂比较软甜、风味绝佳。中国也有肉桂，俗称"桂皮"，香味比较刺激，树皮较肥厚，颜色较深，芳香也较西方的肉桂略逊一筹。优质的肉桂皮为淡棕

● 肉桂棒及肉桂粉

色，并有细纹和光泽，用手折时松脆、带响，用指甲在腹面刮时有油渗出。肉桂无论皮或粉，只要密封放在干燥、阴凉、黑暗且通风的地方，就可保存1~2年，香气不会逸散，品质不会变差。

肉桂除了有肉桂粉和用树皮卷成的肉桂棒外，还有肉桂油出售。新鲜肉桂粉的香气比肉桂棒浓重许多。片状的肉桂可直接用来烹调汤及菜肴，以去除肉类的腥味，或是当作咖啡的搅拌棒；肉桂粉多用在甜点上，是做苹果派时的必备香料。

肉桂的味道芳香温和，适用于甜和浓味菜肴，特别适合用来煮羊肉，在西餐中常用于腌渍水果、蔬菜，也可用来做蜜饯水果（特别是梨）、巧克力甜点、糕饼和饮料。在葡萄牙，最常见的用法是在蛋塔上撒上肉桂粉，让蛋塔增添一份额外的香气。

6. 月桂叶（Bay Leaf）

月桂，又名"香叶""香桂叶"，原产于地中海沿岸的希腊、土耳其等地，为樟科月属常绿小乔木。月桂叶的味道闻起来有点像肉桂的味道，但与肉桂树的桂叶不同，它属于西餐调料、罐头配料，身价远高于肉桂树叶，带有辛辣及强烈苦味，有除腥防腐的功效，普遍用于制汤和烹调海鲜、畜肉、家禽肉及肝酱类菜肴和蔬菜料理中。

● 香叶

月桂叶是西式料理中常用的香料，是每个西式厨房必备的香料之一，也是法式料理的基本香料之一。在烹调豆类、蔬菜汤、炖肉、意大利面调味酱或是墨西哥料理 Chili 时，都可以加入月桂叶以增加风味。但在烹调完后要将其取出，因为月桂只是用来调味，叶子本身略带苦味而且很硬，不适合食用。其方便保存，放在阴凉干燥的地方即可。

● 月桂叶

月桂叶是西餐特有的调味品，其香味十分清爽又略带苦味，干制品、鲜叶都可使用，用途广泛。在实际使用时，需烹煮较长时间才能有效释放其独特的香味。

（四）嫩茎叶及其种子类香草及香料

1. 莳萝（Dill）及莳萝子（Dill Seed）

● 莳萝

莳萝，音译名"刁草"，为生长于印度的植物，外表看起来像茴香，开着黄色小花，结出小型果实，自地中海沿岸传至欧洲各国。莳萝叶片鲜绿色，呈羽毛状，种子又名莳萝子，呈细小圆扁平状，味道辛香甘甜，有水芹科特有的刺激香味，像烧焦般的辛辣味。多用作调味，有促进消化之功效，可直接使用或磨成粉末制成酱料，最常见的用法是撒在鱼类冷盘及烟熏鲑鱼上，以去腥添香或做盘饰，也可加到泡菜、汤品或调味酱中。

莳萝的叶子与种子的辛香程度不同，种子的气味和味道较强烈，较适用于腌渍或为某些菜式引出额外的味道，如黄瓜泡菜、马铃薯、肉类、黑麦面包、咖喱、烤鱼等；叶子的气味及味道较温和，一般放很多才有味道，适合配鱼和白肉、海鲜、蔬菜、调味酱，如用来腌三文鱼，泡橄榄油，炒鸡胸肉吃。

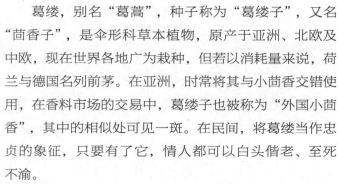

● 莳萝子

储存时可将莳萝用塑胶袋包裹，然后放在冰箱，可储存数天。或把它切碎后混入少量水，储放于小容器里。

2. 葛缕（Caraway）及葛缕子（Caraway Seed）

● 葛缕及葛缕子

葛缕，别名"葛蒿"，种子称为"葛缕子"，又名"茴香子"，是伞形科草本植物，原产于亚洲、北欧及中欧，现在世界各地广为栽种，但若以消耗量来说，荷兰与德国名列前茅。在亚洲，时常将其与小茴香交错使用，在香料市场的交易中，葛缕子也被称为"外国小茴香"，其中的相似处可见一斑。在民间，将葛缕当作忠贞的象征，只要有了它，情人都可以白头偕老、至死不渝。

褐色的葛缕种子长度约 0.2 英寸（相当于 0.5 厘米），

至末端渐窄，仿如弯月形。葛缕子带有水果般的清甜芳香，咬碎后却有柠檬皮般的辛辣苦涩，通常用作食用调味，是开胃除腻的佳品。其独特的清香很适合用来去除肉腥味，当与水果和蔬菜结合时，葛缕即会产生少许的柠檬香味。

葛缕原颗保存期约为 18 个月，细粉保存期，约为 6~8 个月。

3. 茴香菜（Fennel）及球茎茴香（Florence Fennel）

小茴香的嫩茎叶部分即茴香菜。茴香菜，又名"香丝菜"，有一种特殊的香气，含有丰富的维生素 B_1、B_2、C、胡萝卜素以及纤维素。导致它具有特殊香辛气味的是茴香油，茴香油可以刺激肠胃的神经血管，具有健胃理气的功效，所以它是搭配肉食和油脂的绝佳蔬菜。

● 茴香菜

球茎茴香，英文名 Florence Fennel，别名"意大利茴香""甜茴香"，为伞形花科茴香属茴香种的一个变种，原产于意大利南部，现主要分布在地中海沿岸地区。球茎茴香和我国种植近两千年的小茴香极为相似，只是球茎茴香的叶鞘基部膨大、相互抱合形成一个扁球形或圆球形的球茎。成熟时，球茎可达 250~1000 克，

● 球茎茴香

成为主要的食用部分，而细叶及叶柄往往是在植株较嫩的时候才食用，可做馅。种子同小茴香一样具有特殊的香气，可作调料或药用。

4. 大茴香子（Anise Seed）

大茴香子，别名"洋西芹""茴香""茴芹"，原产于中东，是伞形科植物大茴香的干燥果实，有一种类似甘草的特殊香味，质量以西班牙产的最好。大茴香子甜中带辣，在欧洲常用来添加到蛋糕、饼干和甜面包中。在中东和印度，常被加在汤或炖菜中。其特殊的香味也常常被用来做成糖果或做成大茴香油，是法国绿茴香酒和茴香甜酒等利口酒的主要香料。

● 大茴香子

大茴香子可用来搭配鱼或贝类，做出浓厚地中海风味的海鲜炖菜，或是混合

融化的奶油、烤香的大茴香籽和柠檬汁，淋在烧烤好的海鲜上。做饼干或面包时，也可以直接加到面团中，或是撒在涂了蛋汁的食物表面再烤，烤出来的成品会有大茴香子的特殊香味。

大茴香子通常保存在阴凉干燥的地方。

5. 芹菜（Celery）及芹菜子（Celery Seeds）

● 芹菜

芹菜，是伞形科芹属植物，分为本芹（中国类型）和洋芹（西芹类型）两大类，其营养价值相近。吃过芹菜后会口齿留香，古人相信这种香味有驱魔的作用。

芹菜中含有一种挥发性芳香油，会散发出特殊的香味，可以促进食欲。它富含高纤维，经肠内消化作用会产生一种木质素或肠内脂，是一种抗氧化剂。常吃芹菜，尤其是吃芹菜叶，对预防高血压、动脉硬化等十分有益。

西芹，又称洋芹、美芹，是从欧洲引进的芹菜品种，具有大而多汁的肉质直立叶柄，实心，质地脆嫩，味道清新芳香。平时作菜肴食用，也可将芹菜捣汁加热饮用。它属于低热量蔬菜，本身含有丰富的水分及维生素 C、B_1、B_2、胡萝卜素、蛋白质等多种营养，有助于消化，可促进新陈代谢，预防肥胖。

芹菜通常作为蔬菜煮食或作为汤料及蔬菜炖肉等的佐料。在美国，生芹菜常用来做开胃菜或沙拉。

芹菜子取自芹菜小小的花朵中，因而种子的体形也非常小，呈卵形，颜色多为棕褐色或深棕色，具有宜人的浓烈香气，味道微辛而苦，很适合制作蔬菜菜肴，在番茄汁中加入少量芹菜子，可以抵消彼此的生青味。在做汤、炖菜、调酱料、烘焙等料理中，芹菜子都是不错的香料。

（五）果实类香料

词汇在线

1. 胡椒（Pepper）

胡椒，又名"古月"，多年生藤本植物，原产于马来西亚、印度、印尼等地。为浆果球形，黄红色，依成熟度及烘焙度不同而有绿色、黑色、红色及白色四种，有粉状、碎粒状和整粒三种使用形式，在烹调中有去腥压臊、增味提香的作用。一般将整粒胡椒用在肉类、汤类、鱼类及腌渍类等食品的调味和防腐中，在加入香料和卤汁时用粉状较多。

● 胡椒

（1）黑胡椒。系用成熟果实经发酵、暴晒后，使其表皮皱缩变黑而成。

（2）白胡椒。系用成熟果实用水浸泡后，剥去外皮，洗净晒干而成。

（3）绿胡椒。指果实未成熟、外皮呈青绿色的胡椒，一般浸入油脂中保存。

（4）红胡椒。系用绿胡椒经特殊工艺发酵后，使其外皮变红，一般也放入油脂中保存。

优质的胡椒颗粒均匀硬实，香味强烈。白胡椒白净，含水量低于12%；黑胡椒外皮不脱落，含水量在15%以下。

胡椒味辛温而芳香，可温中散寒、理气止痛、止泻、开胃、解毒，可治胃寒之痛、受寒泄泻、食欲不振。

选购时注意以颗粒均匀、饱满、洁净、干燥者为佳，胡椒及其制品胡椒粉，均宜放在干燥及空气流通处，切忌受潮。粉状胡椒的辛香气味易挥发掉，因此保存时间不宜太长。

2. 辣椒（Chilies）

辣椒，茄科多年生木本植物，原产于中南美洲和印度西部，15世纪传入欧洲，明代传入中国，现在全球热带地区都有种植，种类多不胜数，知名的已超过了200多种，是分布最广的香料植物。

辣椒是辣味调料的代表，除了辣味外，几乎没有其他味道，最辣的部分是籽粒及其旁边的白色脉络，至于辣的程度，则因品种而异。辣椒未成熟时外表为绿色，成熟后转红、杏、黄、紫等不同颜色，外形有长有圆，大小亦不一，其中以手指大小的鲜红色最为普遍。

成熟的辣椒有各式各样的制法和食法。除可生食或炒食外，辣椒干制后可压成粗碎、片状、

● 辣椒

粉末状，制成烹调香料，如辣椒粉、辣椒油、辣椒酱等加工品，具有杀菌去腥的效果。辣椒味辛，能温中下气，开胃祛寒，散风活血，对于因潮湿、受凉等气候引起的疾病有独特功效。

选购辣椒时，以成熟、干爽、坚硬、重身、表面光滑无瑕的为优质。

● 香荚兰

3. 香荚兰（Vanilla）

香荚兰，音译名"云尼拿"，又名"香子兰""香兰"，是兰科多年生热带藤本香料作物，原产于墨西哥和中美洲热带雨林，16世纪时才传到欧洲，成为很受欢迎的香料之一。

香草豆是带兰科植物的豆荚，鲜豆荚没有什么香味，需要杀青、发酵、烘干、陈化等加工过程，然后才发出浓郁香气。香草粉及香草精（香兰素）便是从香草豆中取得的，其昂贵程度在国际香料市场上仅次于藏红花，有"食品香料之王"的美称。

香草粉（精）可以说是世界上最普遍的香料，几乎任何甜点都会加入香草粉（精）调味，最常见的是将其加入冰激凌、饮料、蛋糕和糖果中。加少量的香草粉（精）可以带给甜点更好的口感，但加入太多不会更香，反而会有一种怪味，所以适量加入即可。

香草粉（精）应保存在阴凉干燥处。香草豆千万不能冷藏，一旦冷藏反而会发霉。

4. 小豆蔻（Cardamom）

小豆蔻，别名"白豆蔻""绿豆蔻"，生姜科多年生草本植物，原产于印度南部以及斯里兰卡地区的热带雨林中。果实长圆形，果皮质韧，不易开裂。种子团分3瓣，每瓣种子5~9枚，气味芳香而热烈。在烘制过程中因为处理方式不同而有不同颜色，绿豆蔻为自然风干，白豆蔻以二氧化硫漂白，而印度南部及斯里兰卡等原产地以自然光晒豆蔻，所以色泽为淡黄色。

● 小豆蔻

由于栽培小豆蔻受诸多条件的限制，使得小豆蔻产量不高，加上其干燥的工序很复杂，因此属于比较昂贵的香料之一，在我国较少用到。

小豆蔻芳香甜美又带刺激性，味道辛辣微苦，其味似樟，有治晕车、失眠、口臭的功效。在香气品质上以绿色小豆蔻最能保持此原料的风味，原香中带有柠檬香气。黄白两色小豆蔻气味相近。

北欧诸国、中东、印度料理中经常用到小豆蔻，特别用作咖喱菜的佐料。

小豆蔻在不剥开壳并存在密闭容器内时，8~12 个月内可保有最佳香气。

5. 八角茴香（Chinese Star Anise）

八角茴香，又名"大料"，为木兰科八角属植物八角茴香的果实。八角茴香的种子蕴藏在豆荚里，由 8 个果荚组成，呈星形状排列于中轴上，故名"八角"。其色泽以棕红、鲜艳有光泽为好，粒大饱满、荚边裂缝较大，能看到荚内籽粒、八角完整不碎者为上品。

● 八角茴香

八角的香味接近大茴香，但与大茴香不属于同科植物，其气味稍含丁香和甘草的芳香，味微苦、甜。

八角在中餐中扮演了相当重要的角色，多用来去腥增香，通常用于炖菜、焖菜及汤的提味，亦是中国五香粉的主要成分。在南欧地区，八角亦被大量用作甜点酒饮的添香物。

词汇在线

（六）种子类香料品种

● 肉豆蔻

1. 肉豆蔻（Nutmeg）

肉豆蔻，又叫"肉果"，原产于印度尼西亚马鲁古群岛、马来西亚等地，现我国南方已有栽培。它是热带常绿乔木——豆蔻树果实最中心的核仁部分，近似球形，淡红色或黄色，成熟后剥去外皮取其果仁经炭水浸泡，烘干后即可作为调料。干制后的肉豆蔻表面呈褐色，质地坚硬，切面有花纹。生活中比较常见的是已磨成粉末状的肉豆蔻粉，也可以买到整颗的肉豆蔻仁，用时再磨成粉。

● 豆蔻皮

覆在肉豆蔻黑色外壳上的深红色网状假种皮，就是豆蔻皮（Mace）。豆蔻皮与肉豆蔻的香味十分相似，但香味要清淡许多，常用于绞肉食品、香肠、甜甜圈等食物当中。

优质的肉豆蔻个大，沉重，香味明显。主要用于肉馅以及西点中的土豆菜肴，它也是烘烤时常用的香料之一，常用作香肠、肉类、汤类和腌渍食物的调味香料。肉豆蔻也添加到一种节日时必喝的饮料蛋酒和水果派中。在荷兰和意大利，蔬菜和炖菜料理中，也常加入肉豆蔻香料。

肉豆蔻和肉桂一样，很适合加到甜的点心中，例如甜面包、蛋糕、饼干和水果派。它闻起来有一股甜甜的香味，但尝起却有一点淡淡的苦味。其用量不宜太多，4 人份的料理只需 1/8 茶匙就行。

一般来说，肉豆蔻粉可保存 8 个月之久，原颗粒则可储放 2 年以上。

2. 葫芦巴（Fenugreek）

葫芦巴，别名"苦豆"，一年生草本植物，为豆科植物戎芦巴的种子。中国的安徽、四川、河南等地多有栽培。葫芦巴可以用来制作咖喱粉，也可以萃取其种子中的葫芦素。

● 葫芦巴

葫芦巴的种子略呈斜方形，表面黄棕色或红棕色，微有灰色短毛，两侧各有一深斜沟，两沟相接处为种脐。质坚硬、气香、味微苦。种子晒干后可直接生用，或微炒用。磨碎后的种子会产生类似焦糖般的苦味以及芹菜般的甘香。将种子稍微烘烤再磨碎，焦糖般的香味会更明显，但如果将种子放进煮沸的酒里再取出晾干，这种味道就会除净。

● 葫芦巴种子

葫芦巴性温，味苦，全株都有香气，除了种子，嫩叶也可以用来烹调。

3. 芥末（Mustard）

芥末，别名"芥菜子""胡芥"，属十字花科，一年生草本植物，原产于亚洲。有黑、白、褐三色，其中，黑芥末味道较辛辣刺激，白芥末相对温和芳香，通常说的芥末就是黑芥末和白芥菜两大灌木的种子。褐芥末则主要产于印度。

● 芥末

芥末的果实成熟变黄时，割取全株，晒干，打下种子，簸去杂质，即为芥菜子。将芥菜子碾磨成粉末，加工调制成糊状，即为芥辣酱，一般呈黄色，为调味香辛料。芥辣酱多用于调拌菜肴，也用于调拌凉面、色拉，或用于蘸食。其风味独特，有刺激食欲的作用。

干芥菜子并不辣，需加水才会出辛辣物质，时间愈久愈辣，但放置太久，香与辣会散失。加温水可加速酵素活性，会更辣。粉状芥末也如此，变干后会失去香味，若把芥末混水做成酱，则可散发其辛辣味。

芥末可用于各种烹调料理中，如牛肉、猪肉、羊肉、鱼肉、鸡肉、鸟肉、沙拉、酱料、甜点等，用于去腥提味，也可用原粒腌菜或放入沸水中煲煮蔬菜，还可用于调制香肠、火腿、沙拉酱、糕饼等。

要长久保存芥末酱，可用柠檬汁、酒或葡萄酒等来调制，使其具有酸性，效果相当不错。

（七）花类香料

词汇在线

1. 藏红花（Saffron）

● 藏红花

藏红花，又称"番红花"，原产于地中海地区及小亚细亚，现在南欧普遍培植，我国早年常经西藏入境，故称藏红花。它是鸢尾科多年生草本植物，花期为11月上旬或中旬，其花朵中的三根深红色雌蕊经干燥后就是调味用的藏红花，所以要1万朵以上的花才能收集到接近100克的藏红花，是西餐中最名贵的调味品，有

"香料女王"的美称。目前，伊朗产的藏红花品质最佳。

藏红花常用于中东地区、地中海地区等国的汤类、海鲜饭等菜肴中。它既可调味又可调色，最著名的菜式就是西班牙海鲜炖饭、地中海式海鲜汤及冲泡花草茶等。

藏红花有活血的作用，孕妇和想要宝宝的女性不能服食藏红花。不过产后可用于补血。

教你三招快速鉴别真假藏红花

一观看：藏红花真品是真正的雌蕊柱头，一端膨大成喇叭状，一端有裂缝。而假货是用其他花的花蕊甚至萝卜切成很细的丝染色而成，很难都是喇叭状。

二摇动：真正的藏红花虽是雌蕊，但是在花朵中被雄蕊包围着时，肯定会沾染上花粉，即使经过手工剥离、晾干及包装，当摇晃时，仍会有一层薄薄的浅黄色花粉沾在透明包装袋上，很容易辨认，这也是假货无法做到的。

三泡水：取样品少许浸入水中，水被染成金黄色且逐渐向下，在水里不会马上变碎，而且水是亮亮的浅黄色（藏红花茶的颜色被伊朗人称为"帝王之色"），用放大镜观察水面无油状漂浮物。若是染色而成的丝状物，会很快褪色，且水会变成红色或者是橙黄色并有油状漂浮物。

2. 丁香（Clove）

● 丁香

丁香，又叫"鸡舌""丁子香"，属金娘科常绿乔木，是丁香树结的花苞在未开花之前采摘下来，经干燥后做成的香料，原产地是印度尼西亚等地，现我国南方有栽培。

丁香气味芳香微辛，是西餐中常见的调味品之一，可作为腌渍香料和烤焖香料。丁香很适合于甜或浓味食物的调味，美国人常将其撒在烧烤类食物上；欧洲人则喜欢将其插在柑橘上，用丝带绑起吊挂在衣橱内以熏香衣物；非洲人喝咖啡时喜欢加入丁香同煮。丁香还不只这些用途，但凡烹调肉类、腌泡菜、烘焙糕点、调制甜酒，全都可以加入丁香。

购买丁香时，最好是买整粒的，因粉状丁香的香味极易氧化散失，不易保存。优质的丁香坚实而重，外观通常是大粒、圆胖、深咖啡色微带红黄，富含油质，茎梗不超过 0.5 寸（1.7 厘米）为佳。

3. 薰衣草（lavender）

薰衣草为唇形科薰衣草属多年生草本或小矮灌木，叶呈长披针形或羽毛状，花为穗状顶生，有蓝、深紫、粉红、白色等。原产于地中海沿岸，如法国普罗旺斯，后被广泛栽种于世界各地。新疆的天山北麓与法国普旺斯地处同一纬度带，且气候条件和土壤条件相似，是中国的薰衣草之乡。

薰衣草在罗马时代就已是相当普遍的香草，因其功效最多，被誉为"香草之后"及"芳香药草"。自古就广泛应用于医疗上。古罗马人经常使用薰衣草来沐浴熏香，希腊人则用薰衣草来治疗咳嗽。

● 薰衣草

薰衣草叶形花色优美典雅，全株香气浓郁，令人感到安宁。除了提炼精油外，法国和其他一些西欧国家的厨师将它用在食品里，比如，薰衣草的花苞经干燥后可用来泡茶；薰衣草花可以制作果酱、装饰甜点，磨粉后还可以作为花苞香料；薰衣草和迷迭香、马郁兰、百里香、罗勒等搭配成普罗旺斯综合香料；干薰衣草和黑胡椒或白胡椒搭配，可用在肉类料理上，在蔬食料理中也可提香增味。

（八）复合味香料

词汇在线

1. 五香粉（Five Spices Powder）

五香粉，是由五种或五种以上的香料调配而成，各家调制的配方不同，有些甚至针对烹煮的食物特性而有不同的配制方式。一般来说，五香粉是由花椒、桂皮、陈皮、丁香、八角五种香料研磨而成。将肉桂、豆蔻、八角、茴香、花椒以 2∶1∶3∶2∶2 的比例混合的配方也很常见。

● 五香粉

五香粉多用于肉类的腌制及烹调，对鱼肉、猪肉、鸭肉等而言，"美味大使"非它莫属。

优质的五香粉无结块，无杂质，呈均匀一致的可可色，麻辣微甜，香气浓郁持久。

2. 红椒粉（Paprika）

● 红椒粉

红椒粉，也称红番椒粉，原产于中南美洲，16世纪由墨西哥传入欧洲后，广布于法国、西班牙、意大利和匈牙利。我国各地均有栽培。其果实成熟后收采，剖开除去种子，即可鲜用，或晒干后，加工碾磨成粉末，称红椒粉。

红椒粉味道因种类不同，可分为完全不辣的甜红椒粉、辣味温和的红椒粉和有辣味的红椒粉。通常都是由红番椒磨成粉，再和比萨草、小茴香和大蒜粉混合而成。

红椒粉有浓郁的香气和鲜艳的色彩，可用在制作沙拉或煮汤、烧烤、油炸、装饰上。

用红椒粉混合奶油，再抹在鸡肉或鱼肉上，能烧烤出好看又好吃的菜肴，尤其在烤火鸡时，都会抹上红椒粉后再烤。也可在干的面包粉或面粉中加入红椒粉，用来裹食物油炸或干烤，或撒在烤菜上再去烤。酱料中的匈牙利红椒粉不但可用来调味，还可用来佐色，例如有名的匈牙利红汤。在美洲，多用来装饰蛋类、贝类、鱼类、乳酪和蔬菜等料理。

将红椒粉保存在冰箱中，可保持鲜艳的红色和香味。

3. 咖喱（Curry）

● 咖喱及咖喱粉

咖喱起源于印度。对印度人来说，咖喱就是"把许多香科混合在一起煮"的意思。市场上出售的咖喱粉通常由20~30种香辛料制成，包括红辣椒、姜、丁香、肉桂、茴香、小茴香、肉豆蔻、葫芦巴、芥末、鼠尾草、黑胡椒及黄姜等。咖喱的黄色正是来自姜黄粉。由这些香料混合而成的香料统称为咖喱粉（Curry Powder），其配方和比例因人而异。地道的印度咖喱由于用料重，加上不以椰浆来减轻辣味，其辣味会比较强烈。

印度成为英国的殖民地后，咖喱芳香辛辣的特殊味道流传至世界各国。人们根据自己的口味而调配出了不同于印度咖喱的风味，其中尤以东南亚咖喱最为有名。日本还创制了各种口味的咖喱块，烹调时非常方便，不用另外再勾芡汁。

用咖喱粉来烹调，可去除肉类腥味，或增添菜肴风味。咖喱一般用于烩、炒，炒饭、炒面、炒牛羊肉时加点咖喱，马上就可改变口味，还能给菜肴添上好看的颜色。

● 咖喱酱（Curry Paste）

（九）根茎类香料

词汇在线

1. 山葵（Wasabi）与辣根（Horseradish）

● 山葵

山葵，又叫"山葵芥末"，也称日本芥末或芥辣（其实它与芥末无关），是日本料理中必不可少的贵重调味料。将山葵磨碎后清香不刺鼻，入口咀嚼时充满汁水，鲜而微辣并有一定的甜味，一旦干燥，味道和香辣味便会消失。因此，真正的山葵不适合加工成粉状产品。

目前市售的山葵酱（青芥辣）和山葵粉大多因为成本的原因而改用辣根制作，真正用山葵制作的产品售价要高出 5 倍以上。

辣根，又称"西洋葵菜""山葵萝卜"，属十字花科多年生直立草本植物，原产于南欧，我国现在也有栽培。它是一种调味品蔬菜，其根皮较厚，为黄白色，肉质为白色，有强烈的辛辣味。

辣根除调味日料外，还用于制作辣根少司，佐食冷肉类及冻类菜肴。

因为辣根很呛，建议在通风处将辣根洗净、削皮、研磨，再与酸奶、奶油与醋混合，来做调味酱。辣根酱是蛋、鸡肉与香肠的调味酱，若搭配熏鱼食用，风味更佳。

由于山葵根价格昂贵，而且山葵酱保存困难，所以目前中国几乎所有的寿司店和日本大部分的寿司店都是用"染过色

● 辣根

的"辣根酱来代替山葵酱。

2. 洋葱（Onion）

● 洋葱

洋葱，又叫"圆葱""葱头""玉葱""球葱"，属百合科葱属两年生草本植物，以肥大的肉质鳞茎（即葱头）为食用部位。根据其皮色，可分为白皮、黄皮和红皮三种。白皮种鳞茎小，外表白色或略带绿色，肉质柔嫩，汁多辣味淡，品质佳，适于生食。我国已成为洋葱生产量较大的四个国家（中国、印度、美国、日本）之一。

洋葱是一种带有辛味的球状蔬菜，热炒的时候炒久一点，甜味才能充分发挥出来。通过干燥处理可制成洋葱干，不仅可以避免切洋葱流眼泪的麻烦，滋味更上一层楼，且能长时间保存。

3. 胡葱（Shallot）

胡葱，别名"干葱""冬葱"，原产于中亚，未发现野生种，有人推测其是由洋葱演化而来的。

● 胡葱

胡葱属于石蒜科多年生宿根草本，全株可作蔬食，鳞茎外皮赤褐色，耐储藏。植株晚春开花，花茎中空，花淡紫色，不易结子。春季抽薹前生长最茂盛，可适时收获。过期采收，叶质硬化，不能食用。5月至6月鳞茎（Shallot Onions）成熟，每个母鳞茎可产生10~20个子鳞茎，地上部枯死时，挖收食用，或晾干挂藏在通风阴凉处，留作种用。鳞茎可制成调味佐料。

4. 大蒜（Garlic）

大蒜有一个长有外膜的大蒜球，属百合科植物。其味辛性温，有强烈的气味及味道，可用在蔬菜、调味菜或香料中，有促进食欲的作用，其所含的蒜辣素有杀菌去腥的作用。除了杀菌之外，消除疲劳、预防感冒、消除胃胀气等都是大蒜的功效。

● 大蒜

将大蒜的鳞茎干燥后，气味和刺激性不像新鲜的蒜头那样浓烈，香味又能长期保存，使用时很方便。可加工成蒜片、粗蒜粒、蒜粉、蒜泥等制品，按需使用。

烹调时，大蒜多被用来爆香去腥味。大蒜粉及香蒜粒可代替新鲜蒜头，用在鱼肉的料理中，以去除鱼腥味。也可用于西式汤汁、炒青菜、调理沙拉、制作牛排酱和大蒜面中，相当方便实用。

5. 姜（Ginger）

● 姜

姜，又称"生姜"，原产于印度尼西亚，须根不发达，块茎肥大，呈不规则掌状，灰白或黄色，可做蔬菜，调料，亦可用药。姜所含的挥发油类使它切开后有香气，辣味成分则为姜辣素。姜的年龄不同，姜辣素所含比例也不同，生姜偏重发汗、止呕和解毒；烘干或晒干的干姜则温中散寒；姜粉是由姜磨成，颜色正黄；夏季产的子姜是姜的嫩芽，适合切丝生食。

姜有健胃止呕、辟腥臭、消水肿之功效，但要注意，腐烂的生姜中含有毒物质黄樟素，对肝脏有害，一旦发现生姜腐烂，就一定不能食用。

自中世纪的欧洲盛行姜饼后，西方开始逐渐研发出各种姜制菜肴和甜品，比如圣诞节必备的姜饼人。此外，也门还有种独特的饮品"姜汁咖啡"，它是用干的咖啡果皮制作，加入肉桂、糖、姜片等一起饮用。

词汇在线

（十）食用菌类香料

1. 松露菌（Truffle）

● 白松露

松露菌，又名"块菌""黑菌"，是一种主要生长在橡树根部底下一年生的天然蕈菇。意大利、法国出产的松露菌一般生长在橡木或榉树的根部，而中国松露菌则大多生长在松树下，因此，中文得名"松露"。松露对于生长环境非常挑剔，只要阳光、水量或土壤的酸碱值稍有变化就无法生长，这也是松露为何如此稀有且价格不菲的原因。

松露菌以白松露、黑松露最为珍贵。黑菌通常呈黑色，为不规则球状，切开看，里面则是迷

● 黑松露

宫般的大理石纹路。其气味芬芳，是一种珍贵的菌类。全世界有多种类别不同的黑菌，主要产于法国、英国、意大利等地，而最好的种类主要产自法国西南部的普若根第地区。这种生长于橡树林内的黑菌口味鲜美又极富营养，有"黑钻石"之美称，与肥鹅肝、鱼子酱并称为世界三大美食。

松露不能用水洗，好的松露生食会有一种难以比拟的脆爽口感，而且有一点甜味，一遇热，这种味道就会消失。所以，人们一般以特殊的刨刀将松露刨成薄片加入菜肴中。主要用于高档菜肴的调味和装饰。

因黑松露的周皮很硬不太可口，在制作精致菜肴时最好先削皮。削下的皮可以泡到橄榄油里做松露油，不致太浪费。至于白松露，因为周皮很细滑，完全不需要去皮。

松露巧克力

松露巧克力因外形与法国知名的松露菌相似而得名。松露巧克力的传统做法是外表蘸上可可粉，看起来就像沾满沙土的松露。松露巧克力有美式、欧式和瑞士式三种配方，口味上也不尽相同。

● 松露巧克力

2. 羊肚菌（Morchella）

羊肚菌，是一种享有世界美誉的高档珍稀食用菌，素来和松露齐名，拥有"食用菌皇后"的美称。由于菌盖表面凹凸不平，呈黑绿色网状，形如羊肚而得名。

羊肚菌风味独特，味道鲜美，嫩脆可口，营养极为丰富。它既是宴席上的珍品，又是医药中久负盛名的良药，由于香味独特、外形亮丽，是西餐高级宴席中的常客。

羊肚菌的营养相当丰富，据测定，其含粗蛋白 20%、粗脂肪 26%、碳水化合物 38.1%，还含有多种氨基酸，特别是谷氨酸含量高达 1.76%，是"十分好的蛋白质来源"，并有"素中之荤"的美称。

● 羊肚菌

3. 松茸（Tricholoma Matsutake）

● 松茸

松茸，学名松口蘑，别名松蕈、合菌、台菌，是世界上珍稀名贵的天然药用菌，被誉为"菌中之王"。

在欧洲和日本，自古就视松茸为山珍。松茸不仅营养均衡、充足，而且还有提高免疫等多种功效。

松茸不仅是高端食材，更是高档的滋补级天然佳品，是各国元首餐桌上的"常客"，在国外的很多大医院，医生也都会推荐患者在大手术后以滋补级松茸来进补。

除了炖汤外，可用酥油煎松茸、炭烤松茸。这种炭烧、烤、爆炒、生煎等吃法能最大限度满足饕客的味觉享受，并将松茸的味道发挥到极致。

4. 双孢蘑菇（Mushroom）

双孢蘑菇，又叫"洋蘑菇""白蘑菇""白菌"，属担子菌纲伞菌目蘑菇科，鲜蘑菌盖呈白色或淡黄色，幼菇为半球形，边缘内卷，随成熟逐渐展开呈伞形。它是世界性栽培和消费的菇类，大都为人工培植产品，可鲜销、罐藏、腌渍。其栽培始于法国，主要生产国有美国、中国、法国、英国、荷兰等，其中，中国发展迅速。

● 双孢蘑菇

双孢蘑菇依菌盖颜色可分为白色种（又称夏威夷种）、奶油色种（又称哥伦比亚种）和棕色种（又称波希米亚种）。三者在栽培习性、生产性能、产品品质上均有不同，其中以白色种栽培最为广泛。

菌肉白色、厚，伤后略变淡红色，具有蘑菇特有的气味。优质的鲜蘑个大、均匀，质地嫩脆，口味鲜美。通常与平菇、草菇和香菇一起并称为对人体有益的常用"四大食用菌"。

其肉厚脆嫩，香味浓郁，在西餐中广泛用作冷、热菜的配料，在有些菜肴中还可作为主料。

5. 金针菇（Enoki Mushroom）

金针菇因其菌柄细长，似金针菜，故称。属伞菌目白蘑科金针菇属，以其菌盖滑嫩、柄脆、营养丰富、味美适口而著称于世。金针菇具有很高的药用食疗作用，其营养丰富，清香扑鼻而且味道鲜美。

金针菇氨基酸、赖氨酸的含量非常丰富，锌含量也较高，它还是高钾低钠食品，是凉拌菜和火锅的上好食材，也可油炸，或做成培根肉卷金针菇等。

● 金针菇

54

知识点 **西餐常用酒类原料**

常用酒类原料
中英对照表

发酵，是神赐予人类的礼物。在技术不发达的时代，发酵的方法帮助人们储藏食物。由各种植物发酵而成的酒，是发酵家族中最优秀的成员。千百年来，酒已成为人们生活中不可缺少的一部分。由于各种酒本身具有独特的香气和味道，故在西餐烹调中常被用于菜肴的调味。酒文化也日益发展成熟。

在烘焙领域，酒更是在西点制作中发挥着不可替代的作用，酒精的挥发性使西点中原有的水果、芝士等原料的味道得以充分释放，酒因而被称为"西点的灵魂"。

（一）西餐常用酒的分类

酒的品种繁多，分类方法也不一致，可以按酿造方法、酒度、原料来源、总糖含量、香型、色泽、曲种等进行分类。

大众比较熟悉的是按酒精度高低来分类，可分为低度酒［酒精度20%（v/v）及以下］、中度酒［酒精度在20%~40%（v/v）］、高度酒［酒精度高达40%（v/v）以上］。

为了掌握酒类特点及应用，人们按酿造方法对酒进行了分类，一般分为酿造酒、蒸馏酒和配制酒三大类。

酿造酒，又称发酵酒、原汁酒，它的特点是酒度低，一般在3%~18%（v/v）

之间，营养成分较丰富，不宜长期储存。中国传统的糯米甜酒（醪糟）、黄酒等就是此类酒，西方酿造酒的代表则是啤酒、葡萄酒等。

蒸馏酒，就是在生产工艺中必须经过蒸馏过程才取得最终产品的酒。如我国的白酒，外国的白兰地、威士忌、伏特加、朗姆酒等。这类酒的特点是酒精度数高，一般超过 30%（v/v）以上。

配制酒，顾名思义，就是在酒基基础上，人工配入甜味辅料、香料、色素，或浸泡药材、果皮、果实、动植物等而形成的最终产品的酒，又称调制酒，是酒类的一个特殊品种。如中国传统的药酒、滋补酒等。再如，在葡萄酒中添加芳香性开胃健脾的植物，谓之加香葡萄酒或开胃葡萄酒，即味美思，它是地中海国家一个古老的配制酒品种。配制酒的酒基可以是原汁酒，也可以是蒸馏酒，还可以两者兼而用之，再或者为食用酒精。配制酒含糖较高，相对密度大，色彩丰富，气味芬芳独特，可用以增加鸡尾酒的色、香、味等。

（二）西餐常用酿造酒

词汇在线

葡萄酒（Wine），是以葡萄为原料酿造的一种果酒，其酒精度高于啤酒而低于白酒。葡萄酒营养丰富，保健作用明显。

葡萄酒在世界酒类占有重要地位。据不完全统计，世界各国用于酿酒的葡萄园种植面积达几十万平方千米。著名的生产葡萄酒的国家有法国、美国、意大利、西班牙、葡萄牙、澳大利亚、德国、瑞士、匈牙利等，其中，最负盛名的是法国波尔多、勃艮第酒系。

按颜色分，葡萄酒可分为红葡萄酒、白葡萄酒和桃红葡萄酒；按是否含有二氧化碳，可分为静止葡萄酒（不含二氧化碳的葡萄酒）和起泡葡萄酒（含有二氧化碳的葡萄酒）；起泡葡萄酒又分为葡萄汽酒和香槟酒。

1. 红葡萄酒（Red Wine）

红葡萄酒是用颜色较深的红葡萄或紫葡萄酿造，经皮汁混合发酵，然后分离陈酿而成的葡萄酒，这类酒的色泽为自然宝石红色、紫红色、石榴红色等。按含糖量高低又分为干型、半干型和甜型。目前，西方国家比较流行干型红葡萄酒。干红葡萄酒中含有很多对人类身体健康有益的物质，有增进食欲、滋补身体、助消化等功效。其著名品种有赤霞珠干红等，适于烹制红肉类菜肴。

赤霞珠（Cabernet Sauvignon）干红葡萄酒，别名解百纳，原产法国，是波尔多（Bordeaux）地区传统的酿制红葡萄酒的良种。赤霞珠是浓郁型红酒，因丹宁丰富而有些涩感，所以搭配口味浓重特别是有些油腻的菜肴很合适，比如烤牛排、红烧肉、红焖羊肉和川菜等。吃了这些菜肴再喝赤霞珠葡萄酒，会觉得口内的油腻被洗刷干净，留下清爽的感觉，而且酒香和肉香在味蕾上中和，相得益彰。

2. 白葡萄酒（White Wine）

白葡萄酒是用颜色青黄的葡萄或者浅红色果皮的酿酒葡萄为原料酿造的，在酿造的过程中经过皮汁分离，取其果汁进行发酵酿制而成，所以颜色较浅（色泽应近似无色、浅黄带绿或浅黄色）。白葡萄酒以干型最为常见，品种较多，霞多丽和长相思是人气很高的两种白葡萄酒，在烹调海鲜类菜肴时被广泛使用。

（1）霞多丽（Chardonnay）。又译为"莎当妮"，适饮温度在9℃~12℃，适合与鸡肉、龙虾、扇贝、牡蛎、剑鱼、意大利扁面条和法国乳蛋饼等口感浓郁的食物搭配。如果不喜欢乳制品或肉类，可以尝试搭配一些加了杏仁乳、花椰菜或坚果类酱料的食物。

（2）长相思（Sauvignon Blanc）。音译名"莎布利"，适合在8℃~10℃时饮用，其配餐能力很强，除了法国的山羊奶酪、鱼肉玉米饼、肉卷、草莓沙拉以及一些白色鱼肉外，也能与地中海式的肉类菜肴（加入了柠檬、酸豆、橄榄）和鸡肉派完美搭配。另外，长相思也能完美搭配辣味的泰国菜。

3. 桃红葡萄酒（Pink Wine）

桃红葡萄酒，又称为玫瑰红葡萄酒，是介于红、白葡萄酒之间，选用皮红肉白的酿酒葡萄进行皮汁短时混合发酵，达到色泽要求后分离皮渣，继续发酵，最后陈酿成为桃红葡萄酒。这类酒的色泽是桃红色或玫瑰红、淡红色。

● 赤霞珠　　　　● 霞多丽　　　　● 长相思　　　　● 桃红葡萄酒

桃红葡萄酒有着清淡和新香的气味，可以和大部分美食互相协调。自从有了玫瑰红葡萄酒之后，许多以前很难和酒类搭配的菜肴都变得轻而易举，从鲑鱼到烤鸡，玫瑰红葡萄酒能满足众多口味的要求。一瓶玫瑰红甚至可以从开胃菜、前菜、主菜一路喝到饭后甜点。

4. 香槟酒（Champagne）

香槟酒，是"Champagne"一词的中文音译，意思为快乐、欢笑和高兴。它是用葡萄酿造的汽酒，既是一种含二氧化碳气体的白葡萄酒，也是最著名的起泡酒，有"酒皇"之美称。它是一种庆祝佳节的用酒，在婚礼或受洗仪式上，常用香槟来庆贺。

香槟酒原产于法国北部的香槟地区，是300年前由一个叫唐佩里尼翁的教士发明的，以6~8年的陈酿香槟为佳。香槟酒色泽金黄透明，味微甜酸。它是一种特殊的起泡酒，或者说是制作严谨精良的起泡葡萄酒才能享有的专属名字。根据法国香槟原产地保护制度，只有在法国香槟产区，选用指定的葡萄品种，即霞多丽（Chardonnay）、黑皮诺（Pinot Noir）和莫尼耶皮诺（Pinot Meunier），根据指定的生产方法和流程所酿造出来的起泡酒，才可标注为"Champagne"。

香槟酒采用独特的瓶内二次发酵技术，即通常说的"香槟法"。方法是将事先酿成的静态无气泡的白葡萄酒装到瓶中，然后添加糖汁与酵母，在瓶中进行一次小规模的发酵，这次发酵的目的就是让酒产生气泡，制成香槟。因为二氧化碳气体的关系，打开酒后果香四溢。著名品牌有宝林爵香槟酒（Plo Roger）、库格（Krug）等。

香槟酒可以当开胃酒，也可以当餐酒来饮用，特别适宜搭配烤乳猪、烧鸭等较油腻菜肴。其味道醇美，口感醇正，特有的气泡会让人感觉舒爽，酸甜的口感可以极好地化解菜肴的油腻，所以适合任何时刻饮用，配任何食物都好。

（三）西餐常用蒸馏酒

蒸馏酒，又称"烈酒"，习惯分为六大类：白兰地（Brandy）、威士忌（Whisky）、伏特加（Vodka）、杜松子酒（Gin）、龙舌兰酒（Tequila）和朗姆酒（Rum）。另外，中国白酒（Spirits）和日本清酒（Sake）也属于此类。

1. 白兰地（Brandy）

白兰地是英文Brandy的译音，意为"烧制过的酒"。狭义上讲，它是指葡萄发酵后经蒸馏而得到的高度酒精，再经橡木桶贮存而成的酒。白兰地是一种蒸馏酒，以水果为原料，经过发酵、蒸馏、贮藏后酿造而成。以葡萄为原料的蒸馏酒叫葡萄白兰地，常讲的白兰地都是指葡萄白兰地。以其他水果原料酿成白兰地，应加上水果的名称，如苹果白兰地、樱桃白兰地等。

● 马爹利 XO   ● 马爹利 VSOP   ● 轩尼诗 VSOP   ● 人头马 VSOP

● 轩尼诗 XO   ● 人头马路易十三   ● 名仕马爹利   ● 人头马 XO

　　白兰地通常被称为"葡萄酒的灵魂"，世界上生产白兰地的国家很多，举世公认最负盛名的是以法国干邑出品的干邑白兰地。"干邑"，原是法国西南部的一个小镇。在它周围约 10 万公顷（相当于 1000 平方千米）的范围内，无论是天气还是土壤，都最适合良种葡萄的生长。因此，干邑是法国最著名的葡萄产区，这里所产的葡萄可以酿制成最佳品质的白兰地，又称科涅克白兰地。

　　干邑白兰地必须以铜制蒸馏器双重蒸馏，并在法国橡木桶中密封酿制 2 年，最长可达 50 年！市面上出售的干邑白兰地以"XO"（Extra Old）为最高级者。

　　在烹饪时，干邑的组合芳香能提高很多菜肴的美味（例如苏捷特薄饼和龙虾）。调制蛋黄酱时，干邑可用来替代柠檬汁和醋。给酱汁或肉汁洒一点儿干邑，也是很不错的尝试。即使是甜品，也可以用干邑添加另类风味。奶泡或鲜果沙拉以及鸭肉、鹅肉，也都和它配搭。

樱桃白兰地酒色呈金红色，有果香和杏仁香气，可用于制作慕斯、果冻、蛋糕、冰激凌和巧克力等甜品。

2. 威士忌（Whisky）

1494 年，修道士约翰·科尔获得 1 吨多大麦芽，他把这些大麦芽酿成了 1400 瓶琥珀色烈性酒。当时，这种酒被称作"生命之水"，苏格兰的凯尔特人用它提神、治疗感冒和丰富生活。后来，这种"生命之水"被人们称为"威士忌"。

威士忌以英国的苏格兰威士忌最为著名。苏格兰威士忌是用大麦、谷物等为原料，经发酵蒸馏而成。按原料和酿制方法区分，分为纯麦威士忌、谷物威士忌、兑和威士忌三类。苏格兰威士忌讲究把酒储存在盛过西班牙雪利酒的橡木桶里，以吸收一些雪利酒的余香。陈酿 5 年以上的纯麦威士忌即可饮用，陈酿 7~8 年为成品酒，陈酿 15~20 年为优质成品酒，储存 20 年以上的威士忌质量会下降。

苏格兰威士忌具有独特的风格，酒色棕黄带红，清澈透亮，气味焦香，略有烟熏味，口感甘洌、醇厚、绵柔并有明显的酒香气味。著名品牌有红方威士忌、黑方威士忌、海格、白马等。除苏格兰威士忌外，较有名气的还有爱尔兰威士忌、加拿大威士忌、美国波本威士忌等。

醇厚、奶油味十足、气味强烈的威士忌最适合配上以鸭肉、牛肉、鹅肝、韭菜、葡萄干、苹果、无花果、生姜或肉桂等为原料的秋季时令菜；年份较短、酒体更为轻盈的单麦威士忌则最适合搭配以三文鱼、贝壳类、罗勒和芫荽叶等香草、扁豆、朝鲜蓟、菠菜、茴香、大黄叶、红色无核葡萄干和黑莓为原料的春夏时鲜菜。

3. 伏特加（Vodka）

伏特加是俄罗斯的传统酒精饮料，它以谷物或马铃薯为原料，经过蒸馏制成高达 95%（v/v）的酒精，再用蒸馏水淡化至 40%~60%（v/v），并经活性炭过滤，使酒质晶莹澄澈，无色且清淡爽口，不甜、不苦、不涩，只有烈焰般的刺激。在各种调制鸡尾酒的基酒中，伏特加是最具有灵活性、适应性和变通性的一种酒。

伏特加分两大类，一类是无色、无杂味的上等伏特加；另一类是加入各种香料的伏特加（Flavored Vodka）。

4. 杜松子酒（Gin）

杜松子酒，音译名"金酒"或"琴酒"，始创于荷兰，是荷兰的国酒，在英国大量生产后闻名于世，成为世界第一大基酒。现在，世界上流行的金酒有荷兰式金酒和英式金酒。

荷兰式金酒是用大麦、黑麦、玉米、杜松子及香料为原料，经过三次蒸馏，再加入杜松子进行第四次蒸馏而制成。其色泽透明清亮，酒香突出，风味独特，口味微甜，适于单饮。著名品牌有波尔斯、波克马、亨克斯等。

英式金酒，又称伦敦干金酒，是用食用酒精和杜松子及其他香料共同蒸馏（也有将香料直接调入酒精内）制成的。英式金酒色泽透明，酒香和调料香味浓郁，口感醇美甘洌。著名品牌有戈登斯、波尔斯等。

在北欧，杜松子不仅用于食物烹调，连啤酒、白兰地也是用杜松子来调味的。斯堪的那维亚半岛大概是最喜欢杜松子的国家，泡菜、野味烹调、炖煮猪肉时都可以闻到杜松子的味道。法国菜色中多看重杜松子特有的刺鼻香味，多搭配肉类食物食用。

杜松子

杜松子（Juniper），指的是杜松子树的莓果，其最重要的功用是在金酒（Gin）的制作上。杜松子最早为埃及人所食用，因其利尿，可以加速排出体内不好的物质。

5. 龙舌兰酒（Tequila）

龙舌兰酒，音译名"特吉拉酒"，产于墨西哥，是以一种被称作龙舌兰（Agave）的热带仙人掌类植物的汁浆为原料，经发酵、蒸馏而成的酒。在龙舌兰长满叶子的根部，经过10年的栽培后，会形成大菠萝状茎块，将叶子全部切除，把含有甘甜汁液的茎块切割后放入专用糖化锅内煮大约12小时，待糖化过程完成后，将其榨汁注入发酵罐中，加入酵母和上次的部分发酵汁，经两次蒸馏而成。蒸馏出来的龙舌兰酒需放在木桶内陈酿，也可直接装瓶出售。其名品有凯尔弗（Cuervo）、斗牛士（El Toro）、欧雷（Ole）、玛丽亚西（Mariachi）等。

墨西哥政府规定，酿制特吉拉酒的各类原料中，龙舌兰的比例不得低于51%，只有这样酿制出来的酒才能叫特吉拉酒。特吉拉酒的酒精度数一般为38%~40%（v/v）。可净饮或加冰块饮用，也可用于调制鸡尾酒。在净饮时，常用柠檬角蘸盐伴饮，以充分体验特吉拉的独特风味。

6. 朗姆酒（Rum）

朗姆酒，音译名"兰姆酒""老姆酒"，又称"糖酒""火酒""海盗之酒"，是世界上消费量较大的酒品之一。它是制糖业的一种副产品，以蔗糖做原料，先制成糖蜜，然后再经发酵、蒸馏，在橡木桶中储存 3 年以上而制成的烈性酒。因过去横行在加勒比海地区的海盗都喜欢喝朗姆酒，所以，朗姆酒又称火酒，绰号为"海盗之酒"。

朗姆酒含酒精 38%~50%，分为清淡型和浓烈型两种风格。酒液有琥珀色、棕色，也有无色的，具有细致甜润的口感和芬芳馥郁的酒精香味。朗姆酒的特殊香味可加强西点、巧克力糖果、冰激凌及法式大菜的风味，因而常用于糕点、糖果、冰激凌或法式大菜的调味，还可以调制鸡尾酒。

白朗姆酒清澈纯净，适合萃取香料，然后再加到西点甜品中，例如，浸泡香草粉后再加入冰激凌中。黑色朗姆酒颜色为透明的深棕色，有焦糖风味，更适合直接制成西点，例如提拉米苏中就需要添加黑朗姆酒。

（四）西餐常用配制酒

词汇在线

配制酒品种繁多，风格各有不同，按主要用途分为三大类：Aperitif（开胃酒），Dessert Wine（餐后甜酒），Liqueur（利口酒），还有中国的配制酒、药酒。配制酒主产地在欧洲。

1. 开胃用配制酒（Aperitif）

随着饮酒习惯的演变，开胃酒逐渐用来专指为以葡萄酒和某些蒸馏酒为主要原料的配制酒，如 Vermouth（味美思），Bitter（比特酒），Anisette（茴香酒）等。开胃酒于是有了两种定义：一种泛指在餐前饮用、能增加食欲的所有酒精饮料，另一种专指以葡萄酒基或蒸馏酒基为主的有开胃功能的酒精饮料。

（1）味美思（Vermouth）。味美思是英译名，也称"苦艾酒"。苦艾酒起源于古希腊、罗马时代，当时人们以某些植物浸泡在葡萄酒中作为祭典或医病用，直到4世纪初，法国才将这些加味葡萄酒命名为苦艾酒。其主产地为意大利杜林。

苦艾酒是以葡萄酒为酒基，加入多种芳香植物，根据不同的品种再加入冰糖、食用酒精、色素等，经搅匀、浸泡、冷澄、过滤、装瓶等工序制成。

苦艾酒的品种有干苦艾酒、白苦艾酒、红苦艾酒、意大利苦艾酒、都灵苦艾酒、法兰西苦艾酒等，其色泽、香味特点均有不同。除干苦艾酒外，另外几种均为甜型酒，含糖量为10%~15%，酒精含量在15%~18%，香味特征为：甜味中略带后苦，芳香醇厚，柔和爽口，苦艾味特强，尤为女士所喜欢，常用作餐前开胃酒。

（2）比特酒（Bitter）。比特酒从古药酒演变而来，具有一定的开胃和滋补效用。比特酒种类繁多，有清香型，也有浓香型；有淡色，也有深色。但不管是哪种比特酒，苦味和药味是它们共同的特征。用于配制比特酒的调料主要是带苦味的草卉和植物的茎根与表皮。它是用金鸡纳树汁液、龙胆草、苦橘皮、柠檬皮等浸渍而成，有特殊香味，味甘苦，有轻微的兴奋作用。

（3）茴香酒（Anisette）。茴香酒实际上是用茴香油和蒸馏酒配制而成的酒。茴香油中含有大量苦艾素，45%（v/v）酒精可以溶解茴香油。茴香油一般从八角茴香和青茴香中提炼取得，八角茴香油多用于开胃酒的制作，青茴香油多用于利口酒的制作。茴香酒中以法国产较为有名。酒液视品种而呈不同色泽，一般都有较好的光泽，茴香味浓厚，馥郁迷人，口感不同寻常，味重而有刺激，酒精度在25%（v/v）左右。

2. 餐后甜酒类配制酒（Dessert Wine）

● 雪利酒

● 玛德拉酒

● 波尔图酒

（1）雪利酒（Sherry）。雪利酒，音译名为"谢里酒"，主要产于西班牙的加的斯。它以加的斯产的葡萄酒为酒基，勾兑当地的葡萄蒸馏酒，采用逐年换桶的方式，陈酿15~20年后其品质可达到顶点。雪利酒常用来佐餐甜食，可分为两大类，即菲奴雪利酒和奥罗露索雪利酒。菲奴（Fino）色泽淡黄明亮，是雪利酒中最淡者，香味优雅清新，口味甘洌清淡，新鲜爽快。酒精含量15.5%~17%；奥罗露索（Oloroso）属于强香型酒品，色泽金黄棕红，透明度好，香气浓郁，有核桃仁似的香味，口味浓烈柔绵，酒体丰富圆润，酒精含量18%~20%。著名品牌有克罗伏特（Croft）、哈维斯（Harveys）、多麦克（Domecq）等。

（2）玛德拉酒（Madeira）。玛德拉酒主要产于大西洋上的玛德拉岛（葡萄牙属），它是用当地产的葡萄酒和葡萄蒸馏酒为基本原料经勾兑陈酿制成。玛德拉酒既是上好的开胃酒，又是世界上屈指可数的优质甜食酒。其酒精含量多在16%~18%，其中比较著名的品牌有鲍尔日、法兰加、利高克等。在西餐烹调中，玛德拉酒常用于调味。

（3）波尔图酒（Porto）。波尔图酒，音译为"钵酒"，产于葡萄牙的杜罗河一带，因在波尔图储存销售，故名波尔图酒。波尔图酒是用葡萄原汁酒与葡萄蒸馏酒勾兑而成的，生产工艺上吸取了不少威士忌酒的酿造经验。波尔图酒又分为白和红两类。白波尔图酒有金黄色、草黄色、淡黄色之分，是葡萄牙人和法国人喜爱的开胃酒。红波尔图酒的知名度更高，作为甜食酒在世界上享有很高的声誉，有黑红、深红、宝石红、茶红四种，统称为色酒（Tinto）。红波尔图酒香气浓郁芬芳，果香和酒香相得益彰，口味醇厚、鲜美、圆润，有甜型、半甜型、干型三种。在西餐烹调中常用于野味类、肝类及汤类菜肴的调味。

3. 利口酒（Liqueur）

利口酒，音译称"力娇酒""利乔酒"，为香甜类酒的总称。它是以酿造酒或蒸馏酒（白兰地、威士忌、朗姆酒、金酒、伏特加）为基酒，加入各种调香物品（多为香气强烈的果实、花瓣和药材），并经过甜化处理（一般含有 2.5% 以上的糖浆）配制而成的酒精饮料，酒精含量多在 20%~68%。

利口酒一般都很甜，可以作为餐后甜酒。加上酒色娇美、鲜艳，气味芬芳独特，常用来增加鸡尾酒的颜色和香味，是制作彩虹酒不可缺少的材料。它还可以用来烹调，烘烤，制作冰激凌、布丁和甜点等。

（1）君度橙酒（Cointreau）。君度橙酒，英译为"康途酒"。它是一种以橙皮制出来的酒，味道香醇。赫赫有名的君度橙酒以水晶般色泽和晶莹澄澈而闻名。酒精含量为 40%，浓郁酒香中混以水果香味，鲜果交杂着甜橘的自然果香，而橘花、白芷根和淡淡的薄荷香味综合成君度橙酒特殊的浓郁和不凡气质。长久以来，君度橙酒被认为是无法为其他品牌所取代的香甜酒中的极品。在君度橙酒加入冰块后，酒的甜味降低，各种浓郁的香气被激发挥散到极致，而酒的刚烈特性因为冰块的加入而变得柔醇。君度橙酒的酿制秘方一直被 Cointreau 家族视为最珍贵的资产。它亦是烘焙用调味酒之一，广泛运用于西点食谱中，尤其是橙味蛋糕中。

（2）椰子酒（Coconut Wine）。椰子酒就是在椰子还未成熟时，用刀片将其花芽剖开，取其汁液为原料，经过自然发酵酿制成的酒。制作与椰子有关的西点，而且要散发出浓浓的椰子香味时，椰子酒就派上了用场。最著名的是马利宝椰子酒，这种椰子酒由白字酒混合椰子汁制成，配合独特全白色瓶子包装，具有显著的风格。清澈的椰子甜酒用于西式甜品，由于本身并没有颜色，因此不会影响成品的色泽，更适合制作慕斯、蛋糕等。

（3）咖啡酒（Coffee Wine）。西餐中最常见、最具代表性的咖啡酒是美国产的 Kahlua 咖啡甜酒，它用酒与咖啡豆、可可豆和香草混合配制而成，酒精含量为 26.5%。因为是用咖啡豆酿造的甜味酒，颜色棕黑，所以适合在坚果、奶制品、巧克力和慕斯中添加，以增添咖啡风味，也可以加到牛奶或咖啡中，随着酒精慢慢挥发，咖啡会香气四溢。咖啡酒价格相对便宜，是酒吧制作各种咖啡类鸡尾酒的主要原料。

（4）薄荷酒（Creme de Menthe）。薄荷酒是一种把薄荷叶、柠檬皮和其他药料加在酒精里，经蒸馏后再放入糖和少量薄荷油所做成的混合酒，有绿色和白色两种。其中，GET 27（法国葫芦绿薄荷酒）是享誉全球的薄荷烈酒，由 Jean 和 Pierre Get 两兄弟于 1796 年创制。他们在酒中加入了 7 种不同的薄荷，口味清爽、强劲，却不失甘醇爽口，加上其透明及独特的绿色瓶身，行销 100 多个国家，属于百加得公司的品牌之一。薄荷酒具有薄荷的清香，加到以牛奶等为原料的西点中，口味清新，令人心旷神怡。

（5）樱桃酒（Cherry Brandy）。樱桃白兰地最著名的产地为丹麦，其次为法国。这种酒是用樱桃做原料，将樱桃装至桶内约一半处，注满酒精，浸泡后去渣加糖。樱桃酒可作饭后的甜点酒。在欧洲，樱桃酒有一种相当特别的饮用方式，即边喝咖啡，边饮樱桃酒，交替品尝，别有风味。樱桃酒也是制作黑森林蛋糕必备的原料，在制作前将饱满的黑樱桃浸泡在樱桃酒里，浓烈而甜蜜的味道，只一粒就能让人久久回味。黑森林蛋糕是樱桃酒奶油蛋糕，蛋糕馅是奶油，也可以配樱桃，加入樱桃酒的量以能够明显品尝出酒味来为准。

西餐配酒小招数

什么菜配什么酒
西餐与葡萄酒的
搭配

吃西餐，不论是便餐还是宴会，十分讲究以酒配菜，这已成为西餐就餐礼仪的一部分。

口味清淡的菜式与香味淡雅、色泽较浅的酒品相配，深色的肉禽类菜肴与香味浓郁的酒品相配，餐前选用旨在开胃的各式酒品，餐后选用各式甜酒以助消化。

佐餐酒（Table Wine），又叫餐中酒。毫无疑问，它是在正式用餐期间饮用的酒。西餐里的佐餐酒多数是干葡萄酒或半干葡萄酒，讲究"白酒配白肉，红酒配红肉"。口味较为清淡的菜肴如头盘鱼、海鲜类，应选择色香味淡雅的酒品如冰冻后的白葡萄酒；食生蚝或其他贝类时，应配无甜味白葡萄酒；吃香浓油腻的肉类时，应配红葡萄酒；食干酪时则配甜味的红葡萄酒；咸食选用干、酸型酒类；喝汤时配颜色较深的雪利酒；吃核桃等坚果时配浓度较高的玛德拉酒。

餐后酒（Dessert Wine），指的是在餐后助消化的酒，一般选择浓、香、烈的酒，常见的餐后酒有白兰地、香槟酒。餐后甜食选用甜型酒类如利口酒，它又叫香甜酒，品种繁多，选择余地较大，一般可以根据甜食的风味特点来进行搭配。

55
知识点 西餐常用意大利面

（一）意大利面概述

词汇在线

意大利面（Pasta），又称意粉，是西餐品种中最接近中国人饮食习惯，最容易被接受的。关于意大利面条的起源，有说是源自古罗马，也有的说是由马

● 意粉酱

可·波罗从中国经由西西里岛传至整个欧洲。意粉是风靡全球的美食之一。意大利面用的面粉和中国做面用的面粉不同，它用的是一种"硬杜林小麦"，所以久煮不烂，这就是二者最大的区别。

意大利人在面条生产制作上充分发挥了艺术想象力和创造力。形状各异、色彩纷呈的意大利面多达 400 多种，除了普通的直身粉外还有螺丝形、弯管形、蝴蝶形、贝壳形等。

面条颜色除小麦原色外，还有红、橙、黄、绿、灰、黑等。红色面是在制面的过程中，在面中混入红甜椒或甜椒根；橙色面是混入红葡萄或番茄；黄色面是混入番红花蕊或南瓜；绿色面是混入菠菜；灰色面是混入葵花子粉末；黑色面最具视觉震撼力，用的是墨鱼的墨汁，所有颜色皆来自自然食材，而不是色素。

意大利面有很多做法，但主要采用两种做法——焗、炒。烹饪意大利面最重要的技巧是煮。不管怎样制作意大利面，都少不了事先将面煮熟。千万不要把面煮得过熟，要煮到稍硬，才有咬劲。推荐倒入十倍左右的水量，当水开始沸腾的时候放入一勺左右的盐，放盐不光让面带味，还可增加面条的韧度。再从锅边把面放进去，至于煮多长时间，应视不同种类、形状所用的时间而定。

正宗的意大利面条一定是外表光滑、口感筋道、入口之后不黏不烂，多嚼几口，满嘴都是意大利面条特有的甜香。如果这样，那就抓紧时间好好享用吧。要知道，上等的意大利面条必须在上桌之后趁热入口的，最美妙的味道，只出现在最适当的时刻。

1. 杜兰小麦（Durum）

作为意大利面的法定原料，杜兰小麦是最硬质的小麦品种，具有高密度、高蛋白质、高筋度等特点，用其制成的意大利面通体呈黄色，耐煮、口感好。这种硬小麦既含丰富的蛋白质，又含复合碳水化合物。这种碳水化合物在人体内分解缓慢，不会引起血糖迅速升高。正宗的原料是意大利面具有上好口感的重要条件。

● 杜兰小麦

杜兰小麦面粉有一个专称"Semolina"，颗粒较粗的"Coarse Semolina"用来制作一些特殊的甜点，而颗粒较细的"Fine Semolina"主要用于制作意大利面，以及面包和比萨。

加拿大、欧盟和美国是杜兰小麦的主要产地，此外，土耳其和叙利亚也出产可观的杜兰小麦，这两个国家在地理上靠近杜兰小麦的发源地。全世界每年出产4000万吨杜兰小麦，大部分用来制作意大利面。

2. 意大利面的酱（Pasta Sauce）

一般情况下，意大利面酱分为红酱（Tomato Sauce）、青酱（Pesto Sauce）、白酱（Cream Sauce）和黑酱（Squid-Ink Sauce）。

红酱是主要以番茄为主制成的酱汁，目前是见得最多的；青酱是以罗勒、松子粒、橄榄油等制成的酱汁，其口味较为特殊与浓郁；白酱是以无盐奶油为主制成的酱汁，主要用于焗面、千层面及海鲜类的意大利面；黑酱是以墨鱼汁制成的酱汁，主要用于墨鱼等海鲜意大利面。此外，还有用橄榄油调味和用香草类调配的香草酱。一般以红酱使用率最高。

（二）意大利面的分类及常见品种

意大利面的种类繁多，数不胜数。

从意大利面条的外观和形状上：可分为棍状意大利面条（Strand Pasta Noodles）、片状意大利面条（Ribbon Pasta Noodles）、管状意大利面条（Tubular Pasta）、花饰意大利面条（Shaped Pasta）、填馅意大利面条（Stuffed Pasta）和意大利汤面（Soup Pasta）。

根据形状和口味大致可分为三种：长面、短面和鸡蛋面。长面以意式实心粉（Spaghetti）为代表，如细长面条（Fettuccine）、细线状的细面（Vermicelli）；短面多为意大利空心粉，包括管状面（Macaroni）、笔尖面（Penne）、贝壳面（Conchiglie）、螺旋面（Fusilli）、蝴蝶面（Farfalle）等；鸡蛋面是小麦粉加鸡蛋揉制而成的面条，更富弹性和口感，有大宽面（Tagliatelle）、小宽面（Fettuccine）、千层面（Lasagne）等多种。

意大利北方更偏爱千层面、管状面、面饺，中部多吃面疙瘩，而南方多保留着使用干燥面条的传统。搭配每种面条的酱汁和配料也必须有所区别，比如长面适宜用薄的酱汁或橄榄油，搭配香菇类或墨鱼、蛤蜊、鳕鱼等海鲜；短面适合用厚一些的酱汁，做成肉块面才好吃。

● 实心意粉

1. 实心意粉（Spaghetti）

Spaghetti 一词源于意大利语 spago，意思是一条线。一条意粉是 spaghetto，通常用复数的 spaghetti。

实心意粉以其容易烹调，又可以配上各种作料，很快就风行全国。分有 15、16、18 厘米粗细的面条，常用来搭配番茄口味的面酱。煮熟时间为 8~10 分钟。

2. 通心粉（Macaroni）

通心粉又称"空心粉""管状面""通心面"，是意大利的名点，在国外已是极普通的面制品之一。通心粉的种类很多，一般都是选用淀粉丰富的粮食经粉碎、胶化、加味、挤压、烘干而制成各种各样口感良好、风味独特的面类食品。

● 茄汁通心粉

通心粉的主要营养成分以碳水化合物和蛋白质为主，易被人体消化和吸收。

3. 意式千层面（Lasagna）

意式千层面通常为新鲜面皮中间夹入肉馅、奶酪或是蔬菜馅层层叠起而成，大多为方形，通常以烤的方式料理。料理时间为 5~7 分钟。

意式千层面是宽面条的一种，层层浸在番茄酱中，撒上碎肉末，大人和孩子都十分喜爱。这道菜在意大利名菜中仅次于比萨。

● 千层面

● 大宽面

在意式宽面中除了意式千层面外，比较常见的有宽度不同的各种规格，如 Lasagnette、Tagliatelline 等。加工方法一般为煮或炒等，煮制时间一般为 5~7 分钟。

4. 带馅意粉（Ravioli）

带馅意粉又称"包肉馅的小方块形意大利面饺"，如 Ravioli 和 Tortellini，类似中国的饺子和馄饨。Ravioli 一般是方形的，意大利馄饨（Tortellini）则包成小小的月牙形，里面包的馅一般是菠菜、意式乳清干酪和肉，有些地方还用南瓜。

● 带馅意粉

意大利面饺的馅与中国的饺子馅区别很大，干酪、洋葱、蛋黄是主料，有时也加一些菠菜、牛肉；还有一种是以鸡肉、干酪做主料，主要调料有黄油、洋葱、柠檬皮、肉豆蔻。他们包饺子是把面压成一长条，一勺勺放好馅，在面的边缘蘸上水，再和同样的一条面片合在一起压好，然后用刀一一切开。煮饺子的方法则与中国人一样。这些带馅的面食通常配着沙司酱吃，Tortellini 有时也会就着汤吃。

如何正确吃意大利面？

吃意大利面

意面的世界就像是千变万化的万花筒，其数量种类之多据说至少有400种，再配上酱汁的组合变化，可做出上千种料理！很多中国朋友都很喜欢吃意大利面，不过一般都是"中式"吃法，有的像吃捞面似的用筷子，有的用叉子挑起来放在嘴里然后咬断。殊不知，这些都不是正宗的意面吃法，今天就教给大家吃意大利面的正确方法：需要用到的餐具是叉和勺子。一手拿勺子一手拿叉子，叉子挑上一点面条，用叉尖点在勺子里慢慢旋转，把面在勺子上卷成小小的一团，再放入嘴里。这种吃法一方面很斯文，另一方面是为了防止进食的时候面条从叉子上掉落盘中，使盘中的黄油等溅出。

模块 15 在线练习

后　记

为了更好地适应西餐烹饪专业课程改革的需要，我们依据星级酒店西厨房的岗位需求，以职业能力培养为核心，科学分析并合理确定了西餐烹饪专业学生应具备的知识结构及技能要求，在此基础上编写了本书。

本书出版后，经由专业教师及学生的使用及反馈，并通过校企合作与一线企业的交流，在参考专家意见和建议的基础上，我们对本书进行了再版和修订。

1. 在有机整合食品营养学与烹饪原料知识的基础上，本版教材更加强化了西餐原料的营养分析及其应用

我们以专业理论"实用、够用"为原则，强调理论为实训及技能养成服务的功能，依据行业岗位的发展需求，对教学内容的深度、难度及广度做了调整。同时更新了案例，增加了不同类别西餐原料的营养价值分析，力求突出教材为社会服务的特性，满足当代人们对于食品安全与营养和健康的需求。

2. 模块设计操作性强，有利于促进师生互动

为了有效实现"做中学、学中做"的教学理念，我们在各学习模块中设置了【案例引入】【想一想】和【导言】，并针对15个学习模块、55个知识点设计了模块练习和模拟测试题库。读者可通过扫二维码在线练习，随时随地学习和检测。知识检测不仅能帮助学生巩固所学知识，而且也将促进师生互动，有利于学生未来考证及升学。

3. 以就业为导向，贴近星级酒店西厨房岗位需要，满足专业学生顶岗实习、就业及行业发展的需求

教材依据西饼房，西厨冷厨房、切肉房、热厨房的用工情况，紧密围绕星级酒店

西厨房岗位群设计了各教学环节，有的放矢，针对性强。我们还根据市场变化及行业发展趋势，对西餐常用原料品种进行了重新归类和增删，特别是对西餐业进口原材料的英文名称及英译名进行了增补和强化，并配以专业图片，有助于学生更快掌握西餐原料的品种特点，有效建立起利于顶岗实习及就业发展的知识体系。

4. 注重中西餐原料及其应用的对比，有助于中西餐融合及创新发展

书中增加了中西餐原料的应用及对比知识，并融入现代西餐原料知识的拓展和创新应用，为学生职业提升打下了坚实的理论基础。

5. 注重出版形式及学习方式的创新，有利于激发学生的学习兴趣

本课程包含纸质教材、课后在线练习、听力练习及其他教学资源共四部分内容，其中，课后在线练习、听力练习及其他教学资源需要扫码学习。

课后在线练习有习题集及部分题型答案，题型涉及单项选择题、判断题和拓展题，可扫码在线练习；听力练习涉及书中出现的所有专业原料词汇，具体内容请见"西餐烹饪原料中英对照总表"及各知识点中出现的分类原料中英对照表；其他教学资源包括"西餐与葡萄酒的搭配"等相关知识点。

读者若想了解更多与西餐烹饪原料密切相关的知识点，可阅读"烹饪专业及餐饮运营服务系列教材"中的《西餐制作》《西式面点制作》《西餐烹饪英语》《酒水服务》等教材及配套二维码教学资源。

本书由余桂恩、秦永丰主编，赵桂珍参编，其中，余桂恩编写单元1、单元4和15个模块的在线练习；秦永丰编写单元2、单元3；赵桂珍根据各知识点内容增配或替换百余幅原料插图，并对照教材内容对教材中出现的所有原料的中英文名称逐一译校，整理为中英对照总表和17个分表，并梳理出配套听力词汇。

本书无论是对中西餐专业学生、餐饮业人士，还是对烹饪感兴趣的社会人士、家庭主妇，都有较强的参考价值。

作者

参考文献

［1］王树亭，王津利.西式糕点大观：修订版［M］.北京：中国旅游出版社，
1994.

［2］王光慈，陈宗道.世界烹饪知识［M］.北京：中国旅游出版社，1995.

［3］董孟修.150 道西式酱料［M］.汕头：汕头大学出版社，2004.

［4］黄玉军，王劲.烹饪原料知识［M］.北京：旅游教育出版社，2004.

［5］周宏.烹饪原料知识：第 2 版［M］.北京：中国劳动社会保障出版社，
2007.

［6］张怀玉，蒋建基.烹饪营养与卫生：第 2 版［M］.北京：高等教育出版
社，2008.

［7］国家旅游局人事劳动教育司.营养与食品卫生：第 4 版［M］.北京：旅
游教育出版社，2007.

［8］薛建平.食品营养与健康：修订版［M］.合肥：中国科学技术大学出版
社，2004.

《西餐原料与营养》第4版
二维码资源

本书为"十三五"职业教育国家规划教材，配有二维码学习资源。

全书依据西饼房、西厨冷厨房、切肉房、热厨房的用工情况，有机整合食品营养学与烹饪原料知识，以 15 个模块串联起 55 个知识点。内容涉及人体必需的营养素、合理营养与平衡膳食、中西烹饪原料主要差异、常用西餐原料概述、西饼房常用西餐原料、冷厨房常用西餐原料、切肉房常用西餐原料、热厨房常用西餐原料。所有原料名称均以中英双语标注并配有标准发音，读者可边看插图边学认原料边听练专业词汇。

总码

食品营养学基础
模拟测题库

西饼房常用原料知识
模拟测题库

西餐冷厨房常用原料知识
模拟测题库

西餐厨房常用香草和香料知识
模拟测题库

西餐厨房常用肉类原料知识
模拟测题库

希望借助二维码工具箱，使其成为您工作中的"移动小秘书"。

图书在版编目（CIP）数据

西餐原料与营养 / 余桂恩，秦永丰主编. -- 4版
. -- 北京 ：旅游教育出版社，2022.1
烹饪专业及餐饮运营服务系列教材
ISBN 978-7-5637-4358-2

Ⅰ. ①西… Ⅱ. ①余… ②秦… Ⅲ. ①西餐—烹饪—
原料—中等专业学校—教材②西餐—食品营养—中等专业
学校—教材 Ⅳ. ①TS972.118②R151.3

中国版本图书馆CIP数据核字(2021)第261437号

“十三五”职业教育国家规划教材

烹饪专业及餐饮运营服务系列教材

西餐原料与营养

（第 4 版）

主编　余桂恩　秦永丰

策　　划	景晓莉
责任编辑	景晓莉
出版单位	旅游教育出版社
地　　址	北京市朝阳区定福庄南里 1 号
邮　　编	100024
发行电话	（010）65778403　65728372　65767462（传真）
本社网址	www.tepcb.com
E - mail	tepfx@163.com
排版单位	北京旅教文化传播有限公司
印刷单位	北京市泰锐印刷有限责任公司
经销单位	新华书店
开　　本	787 毫米 × 1092 毫米　1/16
印　　张	14.75
字　　数	220 千字
版　　次	2022 年 1 月第 4 版
印　　次	2022 年 1 月第 1 次印刷
定　　价	49.80 元

（图书如有装订差错请与发行部联系）